DIE BRIEFE UND PREDIGTEN DES MYSTIKERS HEINRICH SEUSE, GEN. SUSO,

NACH IHREN WELTLICHEN MOTIVEN UND DICHTERISCHEN FORMELN BETRACHTET.

EIN BEITRAG ZUR DEUTSCHEN LITERATUR- UND KULTURGESCHICHTE DES 14. JAHRHUNDERTS.

INAUGURAL-DISSERTATION
ZUR
ERLANGUNG DER DOKTORWÜRDE DER HOHEN PHILOSOPHISCHEN FAKULTÄT DER KAISER WILHELMS-UNIVERSITÄT ZU STRASSBURG (ELSASS)

EINGEREICHT VON
ADAM GEBHARD.

STRASSBURG
VERLAG VON KARL J. TRÜBNER
1918.

TEILDRUCK MIT GENEHMIGUNG DER FAKULTÄT
VOM 6. MAI 1918.

DIE GESAMTE ARBEIT (ETWA 18 DRUCKBOGEN)
ERSCHEINT DEMNÄCHST

IM VERLAG KARL J. TRÜBNER, STRASSBURG.

Hof- und Universitätsbuchdruckerei C. A. Wagner, Freiburg i. Br.

HERRN VERLAGSBUCHHÄNDLER

DR. WALTER DE GRUYTER,

DEM FREUNDE UND FÖRDERER
DEUTSCHER WISSENSCHAFTLICHER ARBEIT,

MEINEM FRÜHEREN CHEF,

VEREHRUNGSVOLL ZUGEEIGNET.

INHALTSVERZEICHNIS

(der gesamten Abhandlung).

EINLEITUNG.

Dieser Untersuchung liegt zu Grunde die kritische Ausgabe der deutschen Schriften Heinrich Seuses von Dr. K. Bihlmeyer, im Auftrag der Württembergischen Kommission für Landesgeschichte herausgegeben: Heinrich Seuses Deutsche Schriften ... Stuttgart, W. Kohlhammer, 1907. XVII, 163 u. 628 Seiten in gr. 8°.

Bezüglich dieser Ausgabe selber sowie des Handschriften-Verhältnisses der Briefe und Predigten im besonderen ist zu verweisen auf die ausführlichen Bemerkungen des Herausgebers im I. Teil der Einleitung. Bei der Wiedergabe der zitierten Textstellen der Briefe ist allein der hier von Bihlmeyer gegebene Text des 'Großen Briefbuches'[1] als Richtschnur genommen.

Die Frage, ob in dem 'Großen Briefbuche' die ursprüngliche Originalschrift der Stagel vorliegt oder ein zweites Exemplar, das bei der Vernichtung dieser Aufzeichnungen durch Seuse (s. Vita S. 7, 16) als Abschrift etwa in den Händen einer Gesinnungsgenossin von ihr sich befand, soll uns hier nicht weiter berühren, — jene Frage, die seinerzeit anschließend an Pregers erstmalige Veröffentlichung[2] weiterer 14 Briefe Seuses über die in den Drucken bis dahin vorliegenden 12 Briefe[3] hinaus Gegenstand einer längeren Auseinandersetzung zwischen dem

[1] Das 'Briefbüchlein' (im Gegensatz zum ersteren auch 'Kleines Briefbuch' genannt, das das vierte Buch von Seuses 'Exemplar' bildet, ist außer acht gelassen.

[2] Die Briefe Heinrich Susos nach einer Handschrift des 15. Jahrh. herausgeg. v. W. Preger. Leipzig 1867.

[3] Nach anderer Zählung: 11.

Herausgeber Preger und H. S. Denifle wurde[1]. Jedenfalls haben wir in dieser größeren Briefsammlung eine dem 'Kleinen Briefbuche' vorausgehende größere Briefsammlung, wenn nicht gar die Originalsammlung der Briefe Seuses vor uns.

Sie allein in ihrer durch keine spätere Reflexion und Rücksicht getrübten Form, die vielmehr Seuses Art zu schreiben in voller Ursprünglichkeit wiedergibt, soll den Gegenstand meiner Untersuchungen bilden.

Daß dem Text des Großen Briefbuches von Bihlmeyer dieselbe Handschrift *z* zu Grunde gelegt ist, die auch das 'Minnebüchlein' enthält, mag nicht unerwähnt bleiben (Zürich, Stadtbibliothek, Hs. C. 96, Papier, 139 Blatt in Quart, aus dem 14./15. Jahrh. in alemannisch-schwäbischem Dialekt).

Dies Große Briefbuch enthält im ganzen 28 Stücke. Die elf für das 'Exemplar' von Seuse zu dem Zwecke ausgewählten, gekürzten und umgearbeiteten Briefe, um damit in gedrängter Form 'eine vollständige Lehre[2] (360, 2) von der Bekehrung bis zur höchsten Stufe des mystischen Lebens' zu bieten, veröffentlicht Bihlmeyer zum erstenmal in ihrer ursprünglichen Gestalt.

Die Adressatinnen, nur um solche handelt es sich, sind nicht mit Sicherheit festzustellen; nur drei Briefe sind nach Bihlmeyer an Elsbeth allein gerichtet; neun andere scheinen für mehrere Empfängerinnen bestimmt; zwei weitere sind allgemeine Sendschreiben über das Verhalten einer jungen Nonne[3]. Nicht bei allen ist es unbedingt sicher, ob sie von Seuses Hand herrühren, so besonders

---

[1] Vgl. hierzu die Kontroverse beider in ZfdA. Bd. 19, 20, 21, N. F. Bd. VIII S. 400 und AfdA. Bd. 3, sowie Pregers Geschichte der Mystik II, Abschn. Suso, u. a. S. 317, 325, ferner die Einleitung zu Denifles Seuse-Ausgabe.

[2] 360, 2: 'Disú ler ist uss gelesen uss den gemeinen brieven, die der diener der ewigen wisheit siner geischlichen tohter und andern sinen geischlichen kinden santte.'

[3] Genauere Nachweise bei Bihlmeyer S. 118*.

der an letzter Stelle stehende Brief 'Testament der Minne', bei dem bei aller dichterisch gehobenen Darstellung in der Art Seuses und auch sonstiger mannigfacher engen Berührung mit Seusescher Diktion doch „starke Bedenken gegen die Echtheit von seiten des Gesamtcharakters, des Stiles und Wortschatzes" den Herausgeber zu einem non liquet bezüglich der Echtheitsfrage bringen. Einzelbeobachtungen hierzu sind unten gelegentlich angemerkt.

Wie G. Steinhausen in seiner 'Geschichte des deutschen Briefes' (Bd. I S. 14 f.)[1] betont hat, sind die Briefe Seuses ihrem literarischen Charakter nach noch keine Briefe im heutigen Sinne, vielmehr geistliche Sendschreiben bezw. religiöse Ansprachen in der äußeren Form von Briefen. Demzufolge haben seine Briefe nicht viel an persönlichen Beziehungen aufzuweisen.

„Es sind Pastoralbriefe, wie sie besser das Mittelalter nicht hervorgebracht hat, voll seelsorgerlicher Weisheit, die uns Bewunderung abnötigt. In hohem Grade besitzt Seuse darin die Gabe der Unterscheidung der Geister, die jedem das zu raten weiß, was nach seiner Individualität und Lage das heilsamste ist: er warnt vor Halbheit und straft die Lässigen; er ermuntert die Zagen, tröstet die Leidenden und Sterbenden, hält die Ungeduldigen zurück, jubiliert über die Bekehrten, gibt weisen Rat für den Gebrauch der mystischen Gaben. Einige Male macht er ganz konkrete und ins einzelne gehende Vorschriften für das Verhalten seiner geistlichen Töchter (Brief II, 2. Teil und XXVII im Gr. Bfb.). Es sind intime Schilderungen des Seelenlebens von hohem psychologischen Reiz, und seine Worte haben hier eine noch größere Eindringlichkeit als in seinen anderen Schriften." (W. Preger in seiner Ausgabe der Briefe [1867] S. 20.)

* * *

Über die Predigten Seuses diene zur allgemeinen Orientierung folgendes:

Seuse kommt aus dem Predigerorden, dem Orden, der im Jahre 1215 (1216) von dem Spanier Dominicus gegründet, vor allem durch die Predigt auf das Volk zu wirken suchte, zunächst zur Bekämpfung der häretischen

---

[1] Vgl. auch: Strauch, Margarethe Ebner und Heinrich v. Nördlingen S. LXII ff.

Bewegungen, besonders in den Alpentälern Norditaliens und Südfrankreichs, dann auch in Deutschland: die Gegner mit ihren eigenen Waffen, dem Wort, zu bekämpfen, das ja stets das Panier der Häresis bildete: das biblische Wort in der Sprache des Volkes, von dem noch zuletzt der große Wittenberger Häretiker sang: 'Das Wort, sie sollen lassen stan ...'[1].

Wohl waren sie nicht die ersten, die damit in Deutschland auf den Plan traten. Der Franziskanermönch Berthold von Regensburg († 1271), ein redegewaltiger, begeisterter und begeisternder 'Landprediger' (Pfeiffer in seiner Ausg. S. XXIII, ZfdA. Bd. 4 S. 575) in deutscher Zunge war bereits in der zweiten Hälfte des 13. Jahrh. aufgetreten, „eine der anziehendsten Erscheinungen nicht nur in der Geschichte des Predigtwesens, sondern auf dem Gebiet der deutschen Literatur überhaupt (Wackernagel, Altdeutsche Predigten S. 352). Auf seinen Predigtfahrten durch das ganze südliche Deutschland, die Schweiz, Österreich und Ungarn bis nach Schlesien und Mitteldeutschland hinein waren ihm, wenn die Zahlen der zeitgenössischen Berichte nicht nur symbolisch aufzufassen sind, immer von neuem Zehntausende unter der Linde, auf der Wiese, vor dem Tore zugeströmt, um seinen kraftvollen, klaren und anschaulichen Worten zu lauschen, einer Sprache, wie sie bis dahin nicht gehört, in der Versinnlichung religiöser Wahrheiten durch naheliegende Bilder aus Natur und Menschenleben, der sicheren Auswahl dessen, was auf die Zuhörer wirken mußte, und der Schönheit und Kraft ihrer Antithesen (Unkel, Berthold v. Regensburg S. 62).

Aber Berthold, selbst ein Schüler des Franziskanermönchs David von Augsburg († 1271), dessen lehrhafte Traktate 'gleich wertvolle Denkmale' der Blüte sind, in die die geistliche Prosa unter dem Einfluß der Mystik nun

[1] Näheres hierzu und zu dem weiter unten Gesagten vgl. H. S. Denifle, Die Konstitutionen des Predigerordens vom Jahre 1228: Archiv für Literatur- und Kirchengeschichte des Mittelalters Bd. I (Berlin 1885) S. 165—223

eintrat, und dessen Sprache Fr. Pfeiffer (Deutsche Mystiker Bd. I S. XLII) einer ruhigen Flamme vergleicht, die in mildem Glanze strahlt, und deren stille, tiefe Glut das Herz und Gemüt des Lesers belebe, erwärme und zur Liebe entzünde, Berthold wie David hatten innerhalb ihres Ordens keinen ebenbürtigen Nachfolger. Erst die Dominikaner waren es, die diese Tradition aufnahmen und in großem Stile die Verkündigung des Wortes durch deutsche Predigt sich angelegen sein ließen. — Eine stattliche Reihe von Vertretern, sei es auf dem Gebiete der eigentlichen Homilie, der Paraphrase, des Gebetes oder der sogen. Visionenliteratur, führt uns Greith in seinem Buche 'Die Mystik im Predigerorden' vor.

Dem Dominikanerorden wurde durch Papst Clemens XIV. auch die 'cura monalium' übertragen, d. h. die seiner Obhut unterstellten Frauenklöster seelsorgerlich zu leiten; in der Provinz Teutonia allein waren es Anfang des 14. Jahrh. 70 Dominikanerinnen-Klöster neben nahezu 50 Dominikaner-Klöstern (mit in der Regel 50 Ordensleuten). — Der Bildungsstand der Nonnen, die meist aus vornehmen Patrizierhäusern, zum Teil aus adligen Häusern stammten, brachte es mit sich, daß nur die gelehrten Brüder, Magister und Lektoren der Theologie, mit der geistlichen Leitung der Nonnen beauftragt wurden: beide Umstände nicht unwichtig für die große Zahl der weltlichen Motive wie auch der dichterischen Formeln in den geistlichen Ausführungen gerade unseres Predigerbruders.

Die große Mehrzahl der Nonnen war aber des Lateinischen nicht in dem Grade mächtig, um Predigten und Vorträge in dieser Sprache mit Nutzen zu folgen. Darum werden Predigt und Kollationen (collâzien, d. i. ursprünglich: abendliche Tischlesungen der Collationes Patrum, dann: Besprechung theologischer Fragen oder in den Frauenklöstern Vortrag des Beichtvaters über geistliche Dinge) hier erstmalig auf breiterer Basis in deutscher Sprache gehalten. Die Kollationen, die also eine Mittelstellung zwischen Predigt und Traktat einnehmen und sich in der

Form freien Dialoges bewegten (vgl. Wackernagel, Altdeutsche Predigten S. 379), wurden gelegentlich später aufgezeichnet; die Erörterung der Fragen eines mystisch-beschaulichen Lebens fand naturgemäß in den Nonnenklöstern ihren dankbarsten Boden, hier wo das bräutliche Verhältnis der Seele zu ihrem himmlischen Freunde, wie es aus der romanischen Mystik, aus den Sermonen des hl. Bernhard über das Hohelied geläufig war, ein freudiges Echo erwecken mußte.

Seuses Pastorationsfahrten führten ihn von Konstanz aus in die Schweiz, rheinabwärts ins Elsaß und bis nach Aachen (cf. Vita 109, 31; 138, 26f. und 75, 16; 81, 6; ferner 153, 10f.; 78, 22). Daß der weiche, mehr frauenhaft gerichtete schwäbische Mönch, der den 'Töchtern von Jerusalem' von Christus als dem 'sůssen lieb' erzählt, das 'sins HERZEN TRUT' ist, und der an gleicher Stelle (Bfb. S. 378) ausruft: „Wafen, zarter got, wie selig der ist, des lieb du bist und dar inne eweklich bestetet ist", etwa als redegewaltiger Prediger wie ein Berthold von Regensburg aufgetreten sein sollte, ist von vornherein unwahrscheinlich. Klosterleute und ein kleiner Kreis von Laien werden meist seine Gemeinde gebildet haben, und — wie weit auch sein Ruf gedrungen sein mochte — ein paar Nonnen, Beghinen und Laienschwestern 'zur Minne zu reizen' das Ziel seiner seelsorgerlichen Bestrebungen gewesen sein.

Von all der regen Predigttätigkeit Seuses durch die Jahre seines Konstanzer und später seines Ulmer Wirkens ist nur verschwindend wenig erhalten. Dem Kreise seiner Zuhörer, diesen innerlich gerichteten Menschen, mag es zuzuschreiben sein, daß sie Homilien etwa nur von der Kanzel herab zu hören begierig waren, aber in der Lektüre 'von dem toten Pergament ab' nicht die gleiche Erbauung finden konnten, — wobei sie sich übrigens ganz in Übereinstimmung mit Seuse selbst befinden, der von den 'minniclichen worten' sagt, daß sie 'erkaltent und verbleichent als die abgebrochnen rosen', so sie 'an das tot bermit koment und sunderliche in tutscher zungen' (vgl.

199, 19 f.). — Auch mag es, anders als bei Tauler und Meister Eckhart, die ihren lokal eng umgrenzten Hörerkreis hatten, die Weise des Wanderpredigens mit sich gebracht haben: nicht überall fanden sich solch eifrige Gemüter wie die Tößer Nonne Elsbeth Stagel, die jedes Wort von ihrem geliebten Meister im Herzen bewegten. Und schließlich mag auch die Zeit des 14. Jahrh. nicht mehr das Bedürfnis zur Anlage solcher Predigtsammlungen gefühlt haben, wie wir sie für das 13. Jahrh. in den Sammlungen von Leyser, Roth, Grieshaber, Jeitteles, Wackernagel und Schönbach, vor allem in den Sammlungen der Predigten Bruder Davids und Bertholds vor uns haben, ebenso für das 12. Jahrh. neben Honorius von Autun und dem hl. Bernhard die von J. Kelle zusammengetragenen Homilarien [1].

Kurz, was wir an Predigten von Seuse besitzen, gibt offenbar entfernt keine Vorstellung von seiner ausgedehnten Wirksamkeit gerade als Prediger. Nur vier Predigten sind uns überkommen, und auch deren Echtheit ist nicht unbedingt sicher. Diepenbrock hat in seiner Seuse-Ausgabe noch eine weitere Predigt, die aber von Bihlmeyer als unecht ausgeschieden ist, da sie nur Auszüge bezw. Überarbeitungen und Ergänzungen klarer Stellen aus anderen Seuse-Schriften, dem Bdew. (Büchlein der ewigen Weisheit) und dem Bfb. (Kleinen Briefbuch) sind.

Von diesen vier Stücken sind zwei erst aus der Tauler-Überlieferung herausgeschält worden: Surius in seiner lateinischen Übertragung von Seuses Werken (Köln 1555) bringt sie als Seuse zugehörig. Vielleicht steckt noch manch anderes Stück Seusescher Predigt in dieser und in anderen Sammlungen von Predigten der gleichen oder der darauffolgenden Zeit. — Exakte Stilvergleichung sowie Beobachtung des Wortschatzes, das Vorkommen der Worte an und

[1] Man vgl. etwa die von J. Kelle unter dem Namen 'Speculum ecclesiae Altdeutsch' herausgegebene Sammlung Benediktbeurer Predigten, oder die Weingartener Predigten, um nur diese vor anderen zu nennen.

für sich als auch ihrer Bedeutungsnüancen, ferner die Bildungsweise und Komposition der Worte werden hier gewiß manches heute noch unter fremder Flagge segelnde Stück in Zukunft in neuem Lichte erscheinen lassen[1].

* * *

Wenn schon die Zahl der überlieferten Predigten Seuses eine äußerst geringe ist, so liegt die Überlieferung selbst, wie bereits angedeutet, noch mehr im Argen. Für die dritte Predigt: 'Exivi a patre' stand auch Bihlmeyer nur der schlechte Abdruck in der Tauler-Ausgabe von 1543 zur Verfügung. Für die vierte 'Itero relinquo mundum' existiert nur eine ältere Handschrift in niederrheinischem Dialekt, die aber 'das hochdeutsche Original noch stellenweise durchblicken läßt'; auch sie ist in der Tauler-Ausgabe von 1543 abgedruckt. Diese niederrheinische Überlieferung mag auch die mannigfachen für einen alemannischen Prediger fremdartigen Wortformen und mundartlich-niederdeutschen Schreibungen dieser und zum Teil auch in den andern Predigten erklären.

* * *

Seit Fr. Pfeiffer und W. Wackernagel ist das Gebiet der Mystik von den Jüngern der germanistischen Wissenschaft wenig angebaut worden, bis auf die unten genannten drei Arbeiten; — und wie manches Problem gerade in sprachlicher Hinsicht stößt einem allein schon bei der einfachen Lektüre der Schriften der Mystiker auf!

Immer waren es Theologen beider Fakultäten, die vor anderen mindestens ebenso nahe Beteiligten den deutschen Mystikern ihr Interesse zuwandten. Aus theologischen Händen kamen die beiden Seuse-Ausgaben des 19. Jahrh.: die erste in modernisiertem Deutsch, nach früheren Drucken herausgegeben von Melchior Diepenbrock (Ord. Praed.), dem späteren Kardinal und Fürstbischof von Breslau († 1853);

[1] Zu der auch von A. Schönbach geforderten wissenschaftlich ausreichenden Beschreibung des Stiles der deutschen Texte (Studien S. 68 des 8. Stückes) liegt ein Anfang vor in der Arbeit von H. Hasse: Beiträge zur Stilanalyse zur mhd. Predigt (ZfdPhil. Bd. 44 H. 1) 1912. — Für das Bdew. Seuses vgl. C. Heyer, Stilgeschichtliche Studien über Heinrich Seuses Büchlein der ewigen Weisheit (ZfdPhil. Bd. 46 S. 175—228 u. 393—443). 1915.

die andere, enger an das mhd. Original angeschlossene, nur mit gelegentlichen Verdeutschungen des unermüdlichen P. Fr. Heinrich Seuse Denifle aus demselben Orden († 1905); und ein Theologe wiederum ist es, dem das Verdienst der kritischen Ausgabe zukommt, auf Grund deren nun auch der Weg für die Nutzbarmachung dieses 'eigentlichen Poeten unter den deutschen Mystikern' im Sinne einer exakten Durchforschung für die germanistische Wissenschaft geebnet ist. Ein erster Anfang dazu ist gemacht in den während der Ausarbeitung dieses Themas 1914 und 1915 veröffentlichten Arbeiten von C. Heyer, P. Heitz und A. Nicklas, die Teilgebiete gerade unseres Mystikers nach Wortschatz und Stil zu erfassen suchen[1].

* * *

Über das methodische und sachliche Verhältnis der drei genannten Arbeiten zur vorliegenden ist zu sagen, daß insbesondere zwischen den beiden an erster Stelle genannten Arbeiten (wie ihr Titel besagt) und der meinigen kaum Berührungspunkte vorhanden sind. Die Arbeit von P. Heitz will, nach dem allein vorliegenden Teildruck zu urteilen, unsern Mystiker nur von der rein stilistischen Seite her erfassen unter besonderer Betonung der rein mystischen Ausdrucksweise Seuses, wie es für ein engeres Gebiet, das 'Büchlein der ewigen Weisheit', auch die Arbeit von C. Heyer sich zunächst zur Aufgabe setzt, neben einer historischen Betrachtung des Wortschatzes des Bdew. in ihrem ersten Teile. Im zweiten Teil seiner Abhandlung versucht Heyer für sein besonderes Gebiet des Bdew. die stilgeschichtlichen Zusammenhänge aufzuzeigen, wobei er auch die bildlichen dichterischen Elemente der Sprache Seuses unter

[1] Paul Heitz, Zur mystischen Stilkunst Heinrich Seuses in seinen deutschen Schriften (Teildruck). Diss. Jena 1914. — Anna Nicklas, Die Terminologie des Mystikers Heinrich Seuse. Diss. Königsberg 1914. — Curt Heyer, Stilgeschichtliche Studien über Heinrich Seuses Büchlein der ewigen Weisheit (1. Teil als Diss. Kiel 1915) in ZfdPhil. Bd. 46 S. 175 f. und 393 f.

dem in dem Thema seiner Arbeit gegebenen Gesichtspunkte würdigt unter vielfacher Herbeiziehung von Stellen aus Seuses anderen Schriften. — Die Arbeit von A. Nicklas endlich stellt sich lediglich die Aufgabe, den Wortgebrauch Seuses darzulegen unter besonderer Berücksichtigung der psychologischen, logischen, metaphysischen und mystischen Ausdrücke, und zwar in seinen gesamten deutschen Schriften, wobei in einer Einleitung ein kurzer Überblick gegeben ist über Seuses Bedeutung für die deutsche Sprache, die Schwierigkeiten der Behandlung mystischer Termini nach chronologischer Fixierung und begrifflicher Deutung dargelegt sind samt einer kurzen übersichtlichen Zusammenfassung der Seuseschen Terminologie nach Wortbildung und Wortinhalt.

Demgegenüber will die vorliegende Abhandlung, wie a. a. O. bereits dargelegt, lediglich den Inhalt eines gewissen Ausschnittes von Seuses literarischer Tätigkeit erfassen, und zwar nach der Seite der 'weltlichen Motive'; und da das, was an weltlichen Motiven sich in den Briefen und Predigten unseres Mystikers findet, uns vielfach im Gewande der Dichtung oder wenigstens in nahem Anklang an die zeitgenössische und vorausgehende Dichtung weltlichen und geistlichen Inhalts, in der mehr oder minder formelhaft gewordenen Sprache der mhd. Dichter entgegentritt, ist der Betrachtung der 'weltlichen Motive' die der 'dichterischen Formeln' beigefügt. Über diesen Rahmen hinausgehende Betrachtungen sprachlichen oder stilistischen Inhalts, soweit sie zur Charakterisierung der besonderen Stelle in unserem Zusammenhang beachtenswert erschienen, sind in kleinerem Druck anmerkungsweise beigefügt.

Schon der äußere Umfang, den diese Untersuchung angenommen hat, mag ihre Beschränkung auf ein Teilgebiet innerhalb der gesamten deutschen Schriften Seuses rechtfertigen, wie ja auch die Abhandlung von Heyer ein besonderes Teilgebiet (das Bdew.) herausgreift. — Daß gerade die Briefe und Predigten innerhalb des Schrifttums unseres Mystikers dem Verf. ein besonders geeignetes Objekt der Darstellung der weltlichen Motive und dichterischen Formeln erschienen, ist einleuchtend, wenn man bedenkt, daß gegenüber den mehr spekulativ gerichteten oder den Fragen eines göttlichen 'beschaulichen Lebens' gewidmeten übrigen Schriften unseres Mystikers in den bei allen allgemein gehaltenen Themen doch im ganzen mehr auf das Persönliche gestimmten Briefen und ebenso in den im gleichen Geist gehaltenen Predigten inbezug auf ihren Gesamtcharakter an Gefühlswärme und dichterisch gehobener Darstellung von vornherein eine reichere Ausbeute zu erwarten war als von den übrigen in und außerhalb von Seuses 'Exemplar' stehenden Schriften. Die Tiefe und Echtheit ihrer Empfindung, ihre anmutige, hochpoetische Sprache, die 'oft von wunderbarer Schönheit' ist, ist zudem nach dem Vorgange von G. Steinhausen (l. c. S. 14) und andern noch zuletzt von Bihlmeyer (S. 120*) rühmend hervorgehoben.

* * *

Noch schwankt mangels einer genügenden Anzahl exakter, zusammenfassender Einzelbeobachtungen das Charakterbild der Mystiker in ihrer Gesamtheit in der Geschichte der deutschen Sprache. Der Altmeister der Germanistik, J. Grimm, verhält sich in seiner Rezension von Klings Berthold ablehnend. Er schreibt dort (S. 254) u. a.: „Die Mystiker haben wohl zu jeder Zeit wenig oder gar keinen Einfluß geübt auf die Bildung der Prosa. Sie schufen sich insgesamt ihre selbsteigene Art des Ausdrucks, ohne je damit unter das Volk zu dringen.“ (Kl. Schr. l. c.)

Diesem gegenübergestellt sei das Urteil eines neueren Forschers, F. Vetter, des Herausgebers der 'Viten der Schwestern zu Töß' sowie von 'Taulers Predigten' in den 'Deutschen Texten des Mittelalters': „Erst die Mystik hat der deutschen Prosa recht eigentlich die Zunge gelöst. Sie war eine Bewegung, welche mit ungewohnter Gewalt in das Volk hineingriff und ein unmittelbares Aussprechen des Gefühlslebens verlangte (l. c. 12, II; S. VI). — W. Wackernagel in seiner 'Geschichte der deutschen Literatur' (Bd. I 2. A. S. 429) nennt Seuse einen „Minnesänger in Prosa und auf geistlichem Gebiete", ein Urteil, das W. Scherer in seiner 'Geschichte der deutschen Literatur' (S. 238) übernimmt. — F. Vogt in Pauls Grundriß (II, 1 S. 357) bezeichnet Seuses Vita: wohl als das poesievollste Denkmal der Periode, und Ph. Strauch in der Allgem. Deutschen Biographie (Bd. 37 S. 176) charakterisiert Seuse als den „letzten mhd. Dichter, mit dem die Periode abschließt".

Das Recht oder Unrecht dieser Urteile aufzuzeigen, dazu soll im nachstehenden von Belegstelle zu Belegstelle fortschreitend ein bescheidener Beitrag geliefert werden.

* * *

Was im ganzen Seuses Predigten von denen Taulers unterscheidet, dessen Begabung vorherrschend nach der verstandesmäßig-praktischen Seite hin liegt, von dessen Predigten W. Wackernagel in dem Dreigestirn der deutschen Mystik des 14. Jahrh. „die edle Einfalt, den schlichten klaren Aufbau, die ungezwungene Gedankenentwicklung" hervorhebt (Altdeutsche Predigten S. 430 f.), — was Seuse vor Tauler voraus hat, ist die noch größere Eindringlichkeit und Herzlichkeit der Sprache, die gesteigerte Lebendigkeit der Ausführung, das noch stärkere Zurücktreten des spekulativen Elementes. Der Hauch der Weichheit und Milde, der 'liebetrauten' Natur Seuses liegt nicht nur über seinen Briefen, sondern auch auf seinen Predigten.

Der Inhalt der Predigten ist ein ähnlicher wie der der Briefe: Verlassen der Welt, 'Entwerden seiner selbst', gänzliche Hingabe an Gott, das ist das Grundthema. In formaler Hinsicht zeigt sich freilich ein Mangel an strenger Einheit; die Gedanken sind lose verbunden, ebenso herrscht zwischen Text und Thema oft nur ein lockerer Zusammenhang. — Desto mehr aber interessiert uns hier, wie er es sagt: auch hier wie in den Briefen dieselbe Anschaulichkeit der Sprache, dieselbe Innigkeit der Auffassung und Korrektheit des Ausdruckes.

Da sich also Briefe und Predigten Seuses inhaltlich wie formal so eng berühren, mag es auch gerechtfertigt sein, sie zusammen in einem zu behandeln.

* * *

Seuses Leben liegt für uns einzig und allein enthalten in seinen Schriften; vor allem dürfen als Quelle angesprochen werden: die von ihm selbst aus den Aufzeichnungen der Tößer Nonne Elsbeth Stagel am Ende seines Lebens um 1362 zusammengestellte 'Vita'. — Von seinen übrigen Schriften sind einzelne Stellen aus dem 'Büchlein der ewigen Weisheit' (zitiert als Bdew.) und dessen von Seuse selbst unter gewissen Gesichtspunkten angefertigte Übertragung ins Lateinische, das 'Horologium Sapientiae (eternae)' als Quelle herbeizuziehen.

Die erste kritisch geläuterte Darstellung vom Lebensgang Seuses verdanken wir Preger in seinen 'Vorarbeiten zu einer Geschichte der christlichen Mystik' (Zfhistor.Theol. 1869, 1. H.) und in seiner 'Geschichte der christlichen Mystik' Bd. II. Sie ist immer wieder herbeizuziehen, bei aller Kenntnis und Würdigungen der mancherlei Einwendungen Denifles gegen Preger (s. oben S. 2).

Zur Namensform unseres Mystikers: Die Handschriften und alten Drucke schreiben je nach ihrer Herkunft: Súse oder Sûs, ferner Seüss, Seusz usw. Dem schwäbisch-bayerischen Súse entspricht nun lautgesetzlich die nhd. Form 'Seuse'; dem alemannischen Sûs würde entsprechen eine nhd. Form 'Saus'. — Die latinisierte Form 'Suso' ist auf einem Epitaph bereits für das 14. Jahrh. belegt; sie hat bis herauf in unsere Tage allgemeine Gültigkeit behalten, bis Denifle in seiner Ausgabe von 1876 die alte schwäbisch-bayerische Namensform 'Seuse' durchführte. — Auch Bihlmeyer folgt ihm darin, und so liegt kein Grund vor, jetzt davon abzuweichen, wenn auch in der theologischen Literatur bis heute eine Vorliebe für die alteingebürgerte Namensform 'Suso' vorhanden ist.

Über den Umfang und die Abfassungszeit des 'Exemplars' von Seuses Schriften sei zu dem oben Gesagten ferner verwiesen auf Bihlmeyers ausführliche Darlegungen in der Einleitung seiner Ausgabe, insbesondere S. 132*f., 101*f., 90*f., 36*f., 43*f.

Über die Adressatinnen seiner Briefe und Elsbeth Stagel, Seuses 'geischlicher tohter' insbesondere: Innerhalb der 'termini' des Konstanzer Predigerklosters lag auch das Dominikanerinnenkloster Katharinenthal bei Diessenhoven, mit dem seitens des Konstanzer Inselklosters lebhafte Beziehungen gepflogen wurden, und das im 14. Jahrh. eine Pflanzstätte mystisch beschaulichen Lebens war[1]. —

[1] Vgl. hierzu das Schwesternbuch von Diessenhofen auf S. 444—571 der Hs. G (Hs. Nr. 603) der Stiftsbibliothek St. Gallen

Auch zu weiter entfernten Klöstern unterhielt der Konstanzer Predigerkonvent mehr oder minder lebhafte Beziehungen, so nach Töß bei Winterthur und (wenn die Überlieferung richtig ist) auch nach Oetenbach bei Zürich, Adelnhausen bei Freiburg im Breisgau und Unterlinden zu Colmar (Belege s. S. 115* von Bihlmeyers Einleitung, Anm. 1—3).

In Töß trat unser Bruder Amandus (das war Seuses Klostername) um 1336—37 — seine strengen Kasteiungen lagen damals bereits hinter ihm (vgl. Vita 107, 19) — zu der Dominikanerinnenschwester Elsbeth Stagel, aus einem alten Züricher Patriziergeschlecht stammend, in geistlichen persönlichen Verkehr, der sich in Briefen fortsetzte. Seuse war zunächst ihr geistlicher Führer auf dem Gebiet der mystischen Spekulation (98, 1—101, 28), und zwischen beiden gleichgestimmten Seelen entwickelte sich ein Freundschaftsverhältnis, wie wir es auch anderwärts zwischen Predigermönchen und ihren 'geistlichen Töchtern' finden[1], ein Verhältnis, das bis zu ihrem um 1360 erfolgten Tod dauerte. Wiederholte Besuche Seuses in Töß und ein eifriger Briefwechsel hielt ihn mit seiner geistlichen Tochter in steter Verbindung.

* * *

Was haben nun diese Sendschreiben des Dominikanermönches aus dem 'finstern' Mittelalter an 'ekstatische' Nonnen im Klosterhaus uns Menschen des 20. Jahrh. noch zu sagen? Was ist es, daß diese uns heute mehr sind als welke Blätter, was ist der Duft dieser Frühlingsblumen persönlichen Gedankenaustausches? — Wohl geht das Ziel dieser Menschenkinder über diese Erde hinaus; sie haben Lust, abzuscheiden und bei Christo zu sein, wie es schon der große Mystiker im Anfang des Christentums von sich sagte; aber bei aller Himmelsluft, die sie zu atmen sich bestreben, gehen sie doch wieder auf der Erde: jedes 'kreatürli' ist ihnen 'ein stapf got zu nehen' (455, 18); daher auch ihre liebevolle Versenkung in diese Gotteswelt.

---

aus dem 15. Jahrh. (Papier kl. Folio), die auch die 'Viten der Schwestern zu Töß' enthält, herausgeg. von F. Vetter; s. hierzu auch ferner: Greith, Die Mystik im Predigerorden S. 295—98 und 346—56; sowie F. Vetter, Ein Mystikerpaar des 14. Jahrh.

[1] Erinnert sei an Heinrich v. Nördlingen und Margarethe Ebner; weiteres siehe unten in den einleitenden Bemerkungen zu dem Abschnitt 'Minne'.

Ist auch das Ziel dieser mystisch gestimmten Seelen, von der Kreatur 'entbildet' zu werden, so geht ihnen doch der Frühling ebenso lachend auf wie heuer, wölbt sich ihnen der Himmel mit Sonnenschein, Sturm und scharfen Schauern, freuen sie sich über 'viol' und 'veltblûme', über Rosen und Lilien, über das Maiengrün auf der Heide.

Freilich liegen diese Bekenntnisse nicht offen zu Tage. Aus Metaphern, Vergleichen und Gleichnissen muß ihre Stellung zur Außenwelt erst erschlossen werden, müssen aus den Geröllen und Sanden, die die Flutmassen der geistlichen Rede heranwälzen, die Goldkörner persönlicher Beziehungen zur Welt um sie her für unser Thema herausgeholt werden.

So wird es kein bloßer Spaziergang sein können, der dem Auge ungesucht ständig wechselnde Bilder bringt; mühsam und langsam wird oft das Vorwärtsschreiten sein müssen, gebückt mit dem Hammer das da und dort herumliegende, äußerlich verwitterte Gesteinsmaterial anschlagend.

Kurz und ohne Bild gesprochen: Wie viel oder wie wenig weltliche Motive dem Prediger Seuse durch den Kopf gehen, — wieviel von profanem Leben und Treiben ihm gesucht oder ungesucht allein in seinen Briefen einfließt, — wieviel er vom Werktagstreiben seinen Predigten zur Veranschaulichung beizumischen sich getrieben fühlt, — wie sich weiter das alles dem Sohne Schwabens, wo der Minnesang zu Hause ist, in den Formeln der Dichtkunst vielfach und vielgestaltig ausspricht, — endlich, wie sehr sich ihm bei dem häufig vorkommenden Reim sowie Assonanz und Alliteration vieles sozusagen ungesucht zum Verse fügt, das alles sollen die folgenden Einzelbeobachtungen dartun.

Zur Schreibung.

Allgemein muß gesagt werden, daß der von Bihlmeyer gebotene Text manche sprachlichen und formalen Ungleichheiten aufweist. Die Hand eines Germanisten hätte über diesem Teil der Ausgabe sicher glücklicher und — treuer gewaltet als die des Theologen, dessen sachliche Belesenheit auf dem weiten Gebiete der einschlägigen theologischen Literatur, sei sie auch eine noch so in die Breite gehende, es für die Herausgabe mittelalterlicher Texte doch allein nicht tut. — Hier einheitlich gestaltend eingreifen, hieße den gesamten Text, wie er jetzt in der kritischen Ausgabe vorliegt, vielfach neu gestalten, was für jetzt außerhalb des Gesichtskreises liegen muß. (Vgl. hierzu auch Bihlmeyers eigene Bemerkungen zur Orthographie des Textes in seiner Einleitung S. 44*.)

Gegenüber der bei mittelhochdeutschen Texten üblichen Schreibung finden sich in Bihlmeyers Text (von vorbesagten kleineren Unregelmäßigkeiten abgesehen) folgende eigentümliche Lautbezeichnungen:

å entsprechend { mhd. ë (ĕ̈): åsche (esche).
„ ǣ: sålde, tråg; die schwäb. Form hat hierfür meist e: were, wert (für du wære), sehe (für sæhe), het, hetti (für hæte).

o̊ „ { mhd. ö: go̊tlich; ebenso mhd. œ̂: vro̊lich.
„ öu: fro̊de, fro̊wli.

uͤ „ mhd. üe: uͤben, guͤte.

ú „ { mhd. ü: úber, vúr, túnn (dünn).
„ iu; (ü̆): út (etwas): mhd. iut < iuht.

ů „ mhd. uo: gůt, stůl.

ŏ „ mhd. ou: lŏbe, lŏffen, ŏch, tŏgen, tŏw.

ă „ mhd. â: ăten, găher, stăt.

ferner gelegentlich: ŏ entsprechend mhd. ô: tŏtwund(e).

Die vokalischen Längen und Kürzen sind im übrigen von Bihlmeyer nicht unterschieden.

Vorbemerkung zur Stoffanordnung.

'Motive' sind immer etwas mehr oder minder Vages, Unbestimmtes. Bald lauter, bald leiser, — bald bestimmter, bald unbestimmter klingen sie an.

In diesem umfassenden Auf und Nieder der Töne sich zurechtfinden, heißt eine Anordnung nach Sachgruppen treffen. Folgende Hauptabteilungen schienen von vornherein als die natürlich gegebenen:

I. Licht, Sonne und Sonnenschein sowie die Sternenwelt.
II. Der Bereich der Elemente (im mittelalterlichen Sinne).
III. Die Pflanzenwelt.
IV. Die Tierwelt.
V. Das Landschaftliche.
VI. Der Gesamtbereich der Minne.
VII. Höfische Standes- und Dienstverhältnisse.
Ferner als weiterer Abschnitt: Das bürgerliche Alltagsleben.

* * *

Als weiterer Zweck solcher Sachgruppierung wird sich ergeben, die Kulturprobleme des Mittelalters auch von der Seite der Mystik her unmittelbar zu überblicken, — zu sehen, wie weit unser Mystiker vom Oberrhein den Fragen seiner Zeit entgegenkam, wie er sie verarbeitete für seine geistlichen Deduktionen, auf welchem Gebiete somit seine Phantasiebegabung lag, die bisher nur meist in mehr oder minder allgemeinen Wendungen angesprochen wurde, — also auch hier nichts Geringeres als ein neuer, gewiß nicht uninteressanter Beitrag zu dem Problem der 'Dichterpsychologie', wie man es genannt hat.

Über das rein Zusammenstellende, Registrierende hinaus soll angestrebt werden, die Menge des Stoffes zu lebensvollen Kulturbildern zusammenzufügen.

Dadurch, daß neben den Motiven das Formelhafte direkt mitbehandelt ist, wird von vornherein stets nach Möglichkeit abzumessen sein, inwieweit Seuse von Zeitgenossen und Vorgängern auf dem Gebiete der weltlichen Motive abhängig ist.

Erstes Kapitel.

MOTIVE UND FORMELHAFTES VON LICHT, SONNE UND SONNENSCHEIN SOWIE DER STERNENWELT.

Inhalt: Die Sonne als das Lichte (Leuchtende) und Glanzvolle. — Licht im Sinne von Erleuchtung. Das strahlende Licht. — Der Morgenstern.

Über die Problemstellung unseres Themas im allgemeinen ist oben in der Einleitung a. a. O. bereits einiges gesagt. Die besondere Stellung Seuses zu den Motiven aus dem Bereiche des Lichtes und der Sonne soll hier nicht vorweggenommen werden, sondern soll sich dem Leser in ihren Einzelheiten bis in den syntaktischen und sprachlichen Ausdruck hinein aus den angeführten Zitaten gewissermaßen auf induktivem Wege schrittweise fortschreitend ergeben. Eine andere, 'approbierte Methode' für derartige Betrachtungen ist auch heute nicht vorhanden.

Mag man dabei, wie noch späterhin in den Liedern des Grafen Spee, die gleichfalls vielfach an die lateinischen Hymnen des Mittelalters anknüpfen und den mystischen Minneton glücklich fortsetzen, um mit W. Scherer zu reden, zuweilen den Eindruck empfangen einer mit Schnörkeln und Gold überladenen, mit verlebten Gemälden und gewundenen Säulen prangenden Kirche, — auch hier gilt: „aber bald springen die Pforten auf, die Wände schwinden, und aus offener Halle blicken wir auf Wald und Wiese und Bergesgipfel im Morgenschein . . .“ (Deutsche Literaturgeschichte S. 335), wie es sich im Laufe dieses Kapitels (und der folgenden) auch bei unserm mystisch gestimmten Mönch des 14. Jahrh. im einzelnen zeigen wird.

So schreibt dieser Predigermönch aus dem Schwabenland in einem seiner Sendbriefe an Klosterfrauen Alemanniens in der ihm eigenen Heranziehung von Dingen der Erscheinungswelt für seine geistlichen Ausführungen von der hohen Sonne und dem Mond bis herab zu dem letzten Tautropfen oder kristallen 'kalten ryffen':

406, 13 *Wer nu wunder welle schŏwen, der sehe nit an daz, daz da beschach in alten tagen, er sol sehen daz klegliche ding, daz núwes beschehen ist, daz der volle mane gebrochen ist, daz die spilnde sunne erloschen ist, der liebe ostertag zů dem stillen fritage worden ist, ach, und die heisse summerwunne zů dem kalten riffen geraten ist.*

Die einleitenden Worte enthalten einen unverkennbaren Anklang an Walther von der Vogelweide 18, 30: 'da muget ir alle schouwen wol ein wunder bi'.

Der Ausdruck 'diu spilnde sunne' bezeichnet anschaulich das Flimmern der Sonnenstrahlen, wie die Sonne ihr Licht in zitternder, froher Erregung auf und nieder tanzen, spielen läßt; in der Lyrik wie Epik gebräuchlich: so lachen bei Walther 45, 38 die Blumen 'gegen der spilnden sunne'; ebenso leuchtet in Virginal 36, 1 der Helm des Riesen Orkeis 'gegen der spilenden sunne / durch regen und durch melm'; ähnlich Engelhard 548 'daz herze spilt in hôhen freuden' und bei Ulrich v. Lichtenstein 445, 13 'alsô wil daz spilnde herze mîn'. — Auch der Glanz der Augen wird als 'spilnd' bezeichnet in Herzog Ernst V. 5191 'miner ougen spilndez lieht' (weiteres s. unten Abschn. VI[b]). Ebenso erhalten bei Walter 27, 26 und 109, 19 die Augen der Geliebten das Epitheton 'spilnde' (uz spilnden ougen). Auch Heinr. v. Morungen (M. F. 139, 7) redet von den 'spilnden ougen' der Geliebten, ebenso Der wilde Alexander (3, 3. 5) von 'ir spilnden ougen brechen' (Ms. H. 2, 366[b]) und Frauenlob (17, 3) 'ir spilndez angesihte kan si zieren'

(Ms. H. 3, 397). Das gleiche Epitheton, aber bei 'fröide', hat auch Reinmar (M. F. 156, 32). — In der geistlichen Dichtung erschien es schon in Wernhers Marienleben 189, 33 'spilntiu ougen'. — Als Beiwort der Sonne ist 'spilnd' im Minnesang sonst nicht belegbar, wohl aber in der geistlichen Dichtung, im Marienliede (vgl. Gaertner, Epith. bei Walther 131).

Das Prädikat 'erloschen' auf die Sonne bezüglich, als dem ewigen Feuer, der Quelle alles Lichtes und aller Wärme. Beide Begriffe finden sich auch sonst in der mhd. Literatur verbunden als Prädikate für Gott in seiner Dreieinigkeit. 'Die Sonne, die Feuer und Schein hat' wird von W. Grimm, Einleitung zur Goldenen Schmiede Konrads von Würzburg als Epitheton des dreieinigen Gottes aufgeführt.

In einer gewissen wahllosen Häufung des Ausdrucks setzt der Prediger Seuse hier im gleichen Ausruf zusammen: die 'heisse summerwunne' und 'der liebe ostertag', sei es, daß der Ostertag hier als Repräsentant des Frühlings gemeint ist, — sei es, daß wie oft im Mhd. das Liebste, Teuerste damit bezeichnet werden soll; so Morungen (M. F. 140, 16) 'si ist des liehten meien schîn / und mîn ôsterlicher tac'. Auch Gottfried von Straßburg nennt im Tristan die schöne Isolt: Markes Ostertag (V. 17559) 'der osterliche tac aller siner vröuden'. Letztere Auffassung ist auch an unserer Stelle wahrscheinlicher, da hinter dem 'stillen fritage' wohl der 'ostertag' steht, aber der Ostertag sich nicht rückwärts zum Karfreitag wandelt.

Ähnlich sagt im Wigalois (S. 246, 29) der Held zu seiner Mutter: 'handelunge' (Umarmung) und Gruß sei 'siner fröuden ostertag'. In Rabenschlacht (Str. 156) redet Helche ihre Söhne an: 'mîn blüendiu ougenweide, mîn ostertac, mîn meie' und in Dietrichs Flucht klagt der Held Dietrich um den gefallenen Jubart von Latran (V. 9988): 'du wære ein blüender ostertac / dîner liute und dîner mage'. Konrad von Würzburg aber hat in nahem Anklang im Trojanerkrieg (V. 19802): 'den ôsterlichen tac mit lebender wunne spiln'. Vgl. auch Iwein 8118: 'mîner vröuden ostertac'; ähnlich bezeichnet der Schweizer Minnesänger von Trostberg seine Geliebte als seines Herzens Ostertag (Bartsch, Schw. Ms. 13, 4. 5); ebenso Der wilde Alexander (Ms. H. 2, 366[b]): 'sist mines herzen ostertak'; s. auch Ms. H. 3, 442[a]: 'mines herzen ostertak, minre vrouwen. Vgl. auch Reinmar (M. F. 170, 19): 'si ist mîn ôsterlicher tac'.

Seuse fügt zu 'ostertag' hinzu das Epitheton 'lieb': Die in diesem Beiwort zum Ausdruck kommende Osterfreude kommt auch in einem Hymnus des 6. Jahrh. zur Erscheinung (Wackernagel, Kirchenlied I Nr. 115: Sabbata in albis, ad laudes Str. 9: Claro paschali gaudio / sol mundo nitet radio.

In ähnlichem Ausdruck subjektiven Empfindens nennt Gottfried (Tristan V. 925) den 'ostertac, / der lachende in ir ougen lac' einen 'vröudenrîchen'. Das 'liep' in Verbindung mit 'frôlich' bei 'ostertag' findet sich in Seuses Vita 27, 1: 'ach, du bist doch, liep, min frôlicher ostertag': also eine deutlich anklingende dichterische Formel in dieser im übrigen etwas umständlichen Einleitung.

In das Traditionelle der vorliegenden Stelle an Motiven wie an Wendungen bringt Seuse Neues hinein mit der Wendung vom 'gebrochenen mane' und dem 'stillen fritage'; beides nicht traditionell; letztere im Ndd. volkstümliche Wendung begegnet auch literarisch, so im Alexius 97, 842.

Von psychologischem Interesse insbesondere ist die Klage über das 'brechen' (Abbrechen, Abnehmen?) des 'vollen mane' als bildliche Einkleidung für das Schwinden der Herrlichkeit. Wer das vorige schöne Leben mit der milden Schönheit des Vollmondes vergleichen kann, der muß — gerade weil dieses Bild (zum mindesten in der geistlichen Literatur) kein traditionelles ist — einen starken Eindruck empfunden haben von dieser Erscheinung am Himmelszelt: wenn auch keine dichterische Formel, so doch ein weltliches Motiv, das uns gleich hier einen Blick tun läßt in die Anschauungswelt unseres Mystikers vom Oberrhein. In dieser an sich nicht ganz glücklichen sprachlichen Neubildung liegt also inhaltlich mehr als ein Suchen des Predigers nach einem starken Effekt.

In gleicher Weise zählt Seuse das Erlöschen der 'spilnden sunne' zu den 'kleglich ding': wiederum eine ausgesprochene Trauer um das Verschwinden, das Untergehen des Tagesgestirnes. — So geistlich diese Wendung von der 'spilnden sunne' auch gemeint ist, so klingt doch in aller Bildlichkeit die Freude an Sonne und Sonnenschein unverkennbar durch.

Die Vorstellung selbst von dem Lichten und Glanzvollen für die Gottheit ist eine herkömmliche in der mhd. Predigt wie auch in der mhd. geistlichen (und weltlichen) Dichtung; Belege s. Heyer l. c. S. 420. Aber schon diese erste Belegstelle aus Seuses Schriften zeigt, wie dieser die abgeblaßten herkömmlichen Begriffe etwas mit lebensvoller Anschaulichkeit zu füllen sucht, sei es auch in der gehäuften, darum unkünstlerischen Form der vorliegenden Stelle. — Geistliches und Weltliches, Überlieferung und eigene Anschauung, Formelhaftes und eigene Neuprägung fließen hier zusammen.

Das eigenartige Prädikat 'gebrochen' zu 'mane' dürfte wohl eine Art Angleichung an das 'erloschen' zu 'sunne' sein, ein Gegenstück zu den Augenreimen der mhd. Dichtung; vgl. auch die Hs.-Varianten bei Bihlmeyer.

Die Verbindung von Sonne als dem 'summerlichen lieht' und dem Mond kehrt in der Ausdeutung der vorigen Stelle nochmals in anderer Gestalt wieder:

407, 4 *min herze meinet den usglentzenden widerglast des summerlichen liehtes der klaren våtterlichen gotheit, den vollen mane siner lútseligen menscheit, die summerliche gestalt siner unwandelberen ewigen wiszheit.*

Das 'summerliche lieht' spielt eine große Rolle im Mittelalter; auch Seuse verwendet es mit Vorliebe zu seinen Metaphern und Vergleichen. Die mhd. Literatur kennt den Ausdruck 'sumerliches lieht' selbst nicht, wohl aber die kürzere Verbindung 'sumerlieht'; so Wigamur S. 32, 3155 'dîn sumerliehter tac'; von Obernburk I, 3 'wiez ûf der heide an sumerliehter wunne stât' (Ms. H. 2, 225).

Die Häufung obiger Synonyme für Glanz und Licht und Sonne ist nicht unbeabsichtigt; immer neue Wörter zieht Seuse herbei zur Verdeutlichung und Veranschaulichung des sich ihm mit dem Begriff der 'våtterlichen gotheit' verknüpfenden Lichtbegriffes: zunächst 'widerglast', dieser dazu noch (auf dasselbe Wort sich zurückbeziehend) 'usglentzend' (beide in alliterierender Verbindung); dann zu einem neuen Bilde übergehend von Sonnenlicht und Sommer: das 'summerliche lieht'; auch in dieser Metapher vom 'summerlichen lieht der våtterlichen gotheit' erhält letzterer Teil noch das Epitheton 'klar' (der klaren våtterlichen gotheit) — und als drittes Glied gleich wieder 'die summerliche gestalt', das ebenfalls nicht innerhalb der mhd. Terminologie liegt; ferner zu der als einen Begriff zu nehmenden 'ewigen wiszheit' das Epitheton 'unwandelber', ebenfalls zu dem Begriff der Sonne als ewiges Licht passend: Kann man auf weniger Raum mehr Lichtfreude aussprechen?

Und nun zum 'vollen mane siner lutseligen menscheit': Für die stille und milde Schönheit, die 'siner menscheit', d. h. Christus, in dieser Metapher beigelegt wird, weist schon das Epitheton 'lutselig' hin. (Zu dem Abstraktum 'menscheit' selbst vgl. Rattke, Abstrakta auf -heit S. 23.)

Dann aber das breite, volle Licht des 'mâne': Christus in Beziehung zu setzen zu dem besänftigenden Einfluß des milden Lichtes des Vollmondes, verrät ein feines Naturgefühl, das die weiche Stimmung einer Vollmondnacht auf sich wirken läßt, wenn man will, ein Vorklang von dem „Füllest wieder Busch und Tal / still mit Nebelglanz . . ." aus dem Gartenhäuschen an der Ilm im Januar 1788.

Und was will im Verein mit dem Motiv des 'vollen mâne' das 'lutselig' bei 'menscheit' weiter besagen als das eben dort Ausgesprochene: „Breitest über mein Gefild / lindernd deinen Blick / wie des Freundes Auge mild / über mein Geschick." [1] —

[1] Goethe und das Naturgefühl der Mystik: ein eigenes, vielleicht nicht uninteressantes Kapitel für sich, wenngleich dieser sich einmal

Wie lebhaft der besänftigende Einfluß des Mondlichtes bei uns in alter Zeit gefühlt wurde, zeigt schon Havamâl Str. 138, wo in der eingeschobenen Priamel geraten wird: 'heiptum skal mana kvedja' (für den Zorn sollst du den Mond anrufen), schon da also das Besänftigende des Mondlichtes; auch in Kudrun (Str. 1346) hat die mondbeglänzte Nacht Erwähnung gefunden in ähnlichem Sinne: 'der luft ist so heiter, so rîche und so breit / der mâne schînet hînte, des bin ich gemeit'; auch sonst mehrfach im höfischen Epos, so Eneit 9205, Erek 3106, Rother 346, Alphart 336, Ortnit 488; nicht minder im Minnesang, so Heinr. v. Morungen (M. F. 136, 7): 'und saz vor mir diu liebe wolgetane / geblecket rechte alsam ein voller mane'; in ähnlicher lyrischer Verwendung bei der anmutigen Schilderung der Kriemhild (Nibelungenl. Str. 282) 'sam der liehte mâne vor den sternen stât'.

Glanz und Schönheit durch die Zusammenstellung von Sonne und Mond versinnbildlicht findet sich wie vorstehend bei Seuse schon bei Gottfried (Tristan 9457 f.): 'mich hânt driu lieht besezzen, / Isot diu liebe sunne / und ouch ir muoter Isot / daz vroeliche morgenrot / diu stolze Brangæne / daz schoene volmæne' (ebenso ib. V. 11512—15); — nur tritt hier an Stelle eines der 'driu liehte', die ihn 'hant besezzen', des 'vroelichen morgenrots der muoter Isot' die 'sumerliche gestalt siner unwandelberen ewigen wiszheit', die 'mîn herze meinet' (liebt): Wer wollte diese offenbare Parallele nicht gelten lassen?

Auch in der geistlichen Allegorie der Goldenen Schmiede des Konrad v. Würzburg begegnet der Mond einmal, vgl. W. Grimm S. 39*. — Wiederum also kreuzen sich hier weltliche und geistliche Pfade bei unserm Predigermönch, der für

---

über die ihm bekannten Vertreter der Mystik ablehnend äußert (Maximen und Reflexionen III): „Christliche Mystiker sollte es eigentlich gar nicht geben, da die Religion selbst Mysterien darbietet, . . ." — im Grunde also doch eine volle Anerkennung der Mystik an und für sich, sowie ihre Berechtigung innerhalb der Religion, deren integrierender Bestandteil sie ist.

die Wahl dieses Gleichnisses für seine Person ausgegangen sein mag von Hohelied 6, 9 (Wer ist die hervorbricht ... schön wie der Mond), was bei dem Schüler des 'seligen hern Bernhard' sehr naheliegt.

Der leuchtende Glanz der Sonne in eigentlicher Vorstellung dient zu Vergleichungen und Bildern in folgenden vier Stellen:

450, 25 *Herre, dinú ǒgen sint lúhtender denne der liehten sunnen glantz, owe, din sůsser reiner munt, dem der liepliche wirt kunt, dinu liehtberenden wengel, dinú schǒne gestalt ob alles zitlichen wunsches gewalt!*

Auch hier das gleiche Motiv: Augen, Mund, Wangen, schöne Gestalt des Geliebten in innere Beziehung gesetzt zu der 'liehten sunnen glantz', wenn es auch nur für die Augen ausdrücklich betont wird. Die 'liehtberenden wengel' wollen besagen: leuchtend rot. Vgl. dazu aus der weltlichen Literatur ein Beispiel für viele: 'Ich sahe sie an / die ausserwelte frawe zart, / ir wang und auch ir roter mund / der leuchtet fůr die rose' (Bremberger Lieder ed. Kopp [1908] 1. Lied S. 13). — Beachte im übrigen die zweifache, augenscheinlich bewußt reimende Verbindung. Weiteres zu dieser Stelle siehe unter Minne-Motive (Abschnitt VI).

441, 25 *Du sprichest doch*: *Ego sum vermis et non homo. Owe, du schǒner wurm, versmehet von aller diser welte, der da nu lúhtet ob der sunnen glantz ...*

Originelle Gestaltung eines an sich traditionellen Vergleiches: etwas, das noch leuchtender ist als der Sonne Glanz mit diesem verglichen; die Art der Vergleichungen des Traugemundliedes klingt hier unverkennbar an.

Offensichtlich ist unter dem 'schoenen wurm', als welcher Christus in Anlehnung an Ps. 21, 7 (Ich aber bin ein Wurm und kein Mensch, ein Hohn der Leute und vom Volke verachtet) hier angeredet wird, in sinniger Weiterentwicklung und Umdeutung des biblischen Motives vom (zertretenen) Wurm das 'nahtwůrmli' gemeint, wie es in Seuses 'Büchlein der ewigen Weisheit' verwendet ist (266, 27), wo es ihm zur Lobpreisung der Schönheit Marias dient: das leuchtende 'Johanniswürmchen'. Mit dieser Deutung des vermis als 'Johanniswurm' gewinnt diese Stelle nicht wenig an eigenartiger bildlicher Gestaltungskraft.

432, 18 *Wie mag das schôn rosenzwì des himelschen paradises daz zů allen ziten eintweder hat ein sůsses meigentow oder aber der liehten sunnen glantz . . .*

Ein sinniges Stück Paraphrase zu Ps. 84, 2 (Wie lieblich ist deine Wohnung, Jahwe der Heerscharen) mit den echt poetischen Motiven vom 'rosenzwi', — genauer die Seele, die als Zweig am Rosenbaum (Christus) lebt — abwechselnd im Maientau und Sonnenschein.

406, 18 *Dez sint trurige, ir wolsingenden kleinen vôgelin, die den summer in lachender frôde enpfiengent und úch gegen der schônen sunnen glast erswungent!*

Auch hier wieder die offenkundige Freude des Briefschreibers an 'der schônen sunnen glast' in eigentlicher Meinung. — Über die beiden weiteren hier mit anklingenden Motive, das der 'wolsingenden kleinen vôgelin' sowie des feierlichen, freudevollen Empfangens des Sommers siehe unten in den Abschnitten IV und V (Motive aus der Tierwelt und Jahreszeitliches).

Hierzu sei noch gestellt die alles (innerlich und äußerlich) belebende Wirkung der Sonne in Berg und Tal:

478, 13 *wes frôwet sich ietze berg und tal, lôb und gras, wes lachent ietze die schônen heiden? Niht anders denne von der claren sunnen nacheit.*

Der naheliegende Irrtum des mittelalterlichen Predigermönchs, der die wärmere Jahreszeit mit der Sonnennähe, die kältere mit der Sonnenferne gleichsetzt, während die Stellung der Erde zur Sonne hinsichtlich ihrer Entfernung in den verschiedenen Jahreszeiten bekanntlich gerade die umgekehrte ist — im Sommer die Sonne im Aphel (Sonnenferne), im Winter im Perihel (Sonnennähe) — soll das Anschaulichkeitsbestreben des Erklärungsversuches der belebenden Wirkung der Sonne auf unsere Erde, auf die Heide, Blumen und Gras seinen Adressatinnen gegenüber nicht beeinträchtigen! — Vgl. zu diesem rein weltlichen Motiv auch Steinmar (Bartsch, Schw. Ms. 19, 12. 8): frœlicher sunnen tac . . . ich dich wol gelîchen mac. Die Übertragung dieses Motivs ins Geistliche s. unten 478, 16 (S. 30).

Ein ähnliches Motiv von der belebenden und erhebenden Wirkung nicht der Sonne selber, sondern des lichten sonnigen Himmels, gleichfalls in realer Vorstellung, außerhalb der Tradition:

469, 12 *der liehte himel machet die anbeis kriechen und den geswinden hirtz lŏffen und den wilden valken fliegen.*

Beachtenswert ist, wie der Briefschreiber bei seiner Aufzählung, mit dem Kleinen, Unpoetischen (der Ameise) anfangend, sich steigernd in das traditionelle (biblische) Gebiet des 'geswinden hirtz' übergeht, um sich zuletzt in das in Epik und Lyrik gleichmäßig bekannte Reich des 'wilden valken' zu erheben. Diese Zusammenstellung und Steigerung ist zugleich symbolisch für unsern Mystiker: das weite Gebiet der persönlichen Anschauungswelt — die geistliche Tradition aus Bibel, ma. Predigt und (geistliche) Dichtung — die weltliche Dichtung in Epos wie Minnesang: diese drei finden sich bei ihm immer wieder in mehr oder weniger gelungener, oft recht eigenartiger, immer interessanter Zusammenstellung und Verschmelzung. — Der 'liehte himel' begegnet nicht bei den Minnesängern, wohl aber ist die 'liehte sunne' ein immer wiederkehrendes Motiv in eigentlicher wie bildlicher Verwendung, so Schw. Ms. 6, 1. 28 'diu liehte sunne / erlischet in den ougen mîn . . .' (Kraft v. Toggenburg).

Das Motiv von der blendenden Wirkung der Sonne in bildlicher Anwendung zeigt folgende Stelle, die ebenfalls außerhalb aller Tradition ist, weltlicher wie geistlicher:

427, 14 *Aber die gottes userwelten, die nement es, als sú son, und mugent sú der sunnen glantz nút gesehen, so kapfent sú an der sunnen widerglantz uf den hohen bergen.*

Eigenartige Verwendung des rein weltlichen Motivs von 'der sunnen glast' und ihrem Widerschein für die geistlichen Ausführungen des Briefes, der offenbar gerichtet ist an seine geistlichen Töchter in einem Kloster des

Schweizerischen Alpenvorlandes. Im Gegensatz zu den von dem ewigen Licht geblendeten Menschen, die mit ihrer Minne 'vallent uf das gesichtlich', blicken die 'gottes userwelten' (poetische Voranstellung des Genitivs zur stärkeren Hervorhebung desselben) hinauf zu der Sonne Widerschein auf den hohen Bergen: Wenn dies zunächst sprachlich auch lediglich Analogien sind (Gottesfreunde usw.), so zeigen sie doch unseres Mystikers Freude am Licht, dessen Widerschein auf den Matten der Vorberge des Glarner und Appenzeller Landes an den Hängen der Felswände der Alpenkette emporstieg.

Neben der traditionellen geistlichen Deutung des ewigen Lichtes auf Christus steht wiederum unmittelbar das rein weltliche Motiv von der Freude an 'der sunnen glantz' in freilich etwas tendenziöser Gegenüberstellung seines Extrems, des 'kessibodem', am Anfang der eben behandelten Stelle: 427, 7 *nu sint etlichú menschen als blint* (geblendet), *wan sú daz ewig lieht an im selber nút mögen gesehen, so vallent sú mit ir minne uf das gesihtlich, als der sich von der sunnen glantz keret zu dem kessibodem.*

Für diese eigenartige Zusammenstellung des 'kessibodem', des rußgeschwärzten Bodens eines Kessels, mit 'der sunnen glantz' ist ein Gegenstück aus der mhd. weltlichen (oder geistlichen) Literatur nicht zu erbringen. — Wären die Dramen der Gandersheimer Nonne Rosvitha im späteren Mittelalter nicht völlig in Vergessenheit geraten gewesen, so läge die Versuchung nahe, für dieses Bild, das selbst im Munde des eifrig nach (oft recht drastischen) Bildern und Vergleichen Ausschau haltenden Predigermönches S. etwas gesucht erscheinen muß, einen literarischen Ahnen zu suchen in einer Szene des Dulcitius. Dort küßt in der vierten Szene der Statthalter D., von Gott verblendet (cf. 'etlichú menschen sint als blint'), unter Umarmungen statt der drei heiligen Jungfrauen Agape, Chionia und Irene die rußigen Kochtöpfe, bis ihm Kleider und Gesicht greulich geschwärzt sind und er, von der Wache als Teufel geflohen, von den Stufen des kaiserlichen Palastes heruntergeworfen wird.

Wie sehr auch Wendungen wie 'sú vallent mit ir minne uf das gesihtlich' nicht minder wie der 'kessibodem' auf den ersten Blick mit der angeführten Stelle aus Rosvithas lat. Drama in innerem Anklang zu stehen scheinen, ebenso vielleicht noch symbolisch 'der sunnen glantz' mit den heiligen Jungfrauen, wobei dann wiederum, wie so oft bei Seuse (bewußt oder unbewußt), die Grenzen von konkreter Meinung und Symbol ineinander fließen würden, — an einen wirklichen literarischen Zusammenhang dieser Seuse-Stelle mit den 'geistlichen Schattenbildern' der Gandersheimer Nonne 'in dem derben Rahmen ihrer eigenen Zeit' (Winterfeld) ist nicht zu denken, wenn auch das Bestreben beider, jener lateinische Komödien schreibenden Nonne des 10. Jahrh., die 'in die blutleeren Legenden der Apostelzeit' Leben zu bringen weiß, und des geistlichen Briefschreibers aus dem 14. Jahrh. das gleiche ist.

Andererseits hat auch das jüngere Hildebrandslied (13, 1) 'Wer sich an alte kessel ribet, der enphahet gern ram'. Ähnliche sprichwörtl. Wendungen waren gewiß schon früh verbreitet und bereits auch der Gandersheimer Nonne bekannt, was sie dann wohl zur dichterischen Ausgestaltung brachte. Die Verwandtschaft beider liegt also in der Urquelle.

Neben der blendenden Wirkung der Sonne, wie sie in den beiden vorstehenden Stellen zutage trat, noch ihre bleichende Wirkung, zunächst wiederum in konkreter Meinung: 433, 29 *swaz die sunne verselwet, daz bringet daz tow kreftklich wider.* Hier ist es weniger eine direkt bleichende, als eine unansehnlich machende, die Farben trübende ('sal' machende) Wirkung des Sonnenlichtes. Über den Tau als weltliches Motiv, das auch hymnisch gern verwertet wird, s. unten (Abschn. II, 2).

Sodann wieder in bildlicher Vorstellung auf die 'ewige sunne', Christus, gehend:

439, 21 *Sehent, daz ist ein gotlidender mensche, den die ewige sunne mit grossem bitterlichen liden entferwet.*

Das gleiche Bild der 'himelschen sunnen' für Jesus wie oben, hier als dem Minner (Liebhaber), der bei der Geliebten seinen Eingang haben will, wenn auch in unnatürlicher Verbindung mit 'meientow':

431, 2 *tůnt úwer hertzen und úwer girde uf gegen dem sůssen meientowe der himelschen sunnen, daz ir war nement, waz er von úch wil.* Ebenso fast wörtlich: 486, 27 *hebent uf hertze, můt und alle sinne gegen dem sůssen meigendŏwe der himelschen sunnen, daz ir war nement, wenne und wie er sinen ingang haben wil.*

Über das hier berührte Minne-Motiv siehe näheres unten im Abschn. VI. Zusammenfassend für diese ganze Stellenreihe sei bemerkt, daß die Vergleiche von Christus, der hier direkt 'himelsche sunne' genannt wird, mit der Sonne (vgl. Ambrosius: Deus qui coeli lumen etc.) in der geistlichen Dichtung auch nach Seuse recht häufig sind; so heißt es noch in einem weit verbreiteten Weihnachtslied aus dem 15. Jahrh. (Hoffmann l. c. No. 14): 'In dulci jubilo (nu singet und seit frô!) alle unsere wonne / leit in præsepio / si leuchtet vor die sonne.'

Licht im Sinne von Erleuchtung; das strahlende Licht (eigentlich und bildlich):

478, 16 *dem nů die gewere sunne inlúhtende ist, dem si inwonende ist, von dem alles gewúlken und timber nebelheit vertriben ist und mit dem gôtlichen glaste durchglestet ist, wie mag der so rehte wol ein summerliche wunne haben!*[1]

Das Bild von der 'geweren sunne' ist bei dem 'inlúhtend' noch konkreter gefaßt, verblaßt aber sofort bei dem zweiten Prädikat 'inwonend' zur übertragenen Bedeutung. Die gleiche Vermischung von konkreter und bildlicher Verwendung der Sonne begegnet schon in einer Sequenz der heil. Hildegard auf den heil. Maximin (Str. 2): Calor solis exarsit / et in tenebras resplenduit; / unde gemma surrexit / in ædificatione / templi purissimi / cordis benevolæ[2] (Winterfeld S. 439).

Das hier benutzte Motiv von der die Wolken siegreich durchdringenden und die Nebel vertreibenden Sonne scheint

---

[1] Beachte den durch das gleiche Praefix hervorgehobenen Paarbegriff 'in-lúhtende — in-wonende', sodann die wortwiederholende und alliterierende Verbindung: 'gôttlichen glaste durchglestet', — (Attribut, Substantivum und Verbum vom selben Stamme abgeleitet), — ein traditioneller Schmuck der bildlichen Rede in mhd. Prosa wie Poesie, bevorab der geistlichen (vgl. z. B. Lamprecht von Regensburg S. 14).

[2] In Winterfelds Übersetzung: Glühend entbrannte die Sonne / und ihr Schein durchdrang die Finsternis; / da entsproß die Knospe, / wuchs des Edelsteins Kleinod, / des reinen Tempels Zier.

ferner durch in der folgenden Stelle, wo das Licht als Ausstrahlung göttlicher Klarheit und Wahrheit aufgefaßt ist:

471, 27 . . . *do soltu naht und tag nach kalen nach núwem lieht, nach núwer warheit, wanne die warheit ist ein lieht, daz die timbern vinster der unwissenheit vertribet.*

Ähnlich 520, 21 *her, du hast das liecht deynes antlitz úber uns gezeichnet.* Dieser in Anlehnung an Ps. 4, 7 gebrauchte metaphorische Ausdruck hat daneben aber noch die rein konkrete Vorstellung des leuchtenden, strahlenden Lichtes. — Mehr verflüchtigt sich die Bedeutung in dem rein metaphorischen Ausdruck:

476, 12 *aber mich dunket, daz daz ein úbergúlden alles andahtes und ein lieht allcs gebettes si.*

'übergúlden' in der übertragenden Bedeutung von 'Übertreffen' auch im Minnesang wie in der Epik: so Walther 8, 17 (daz dritte ist gottes hulde, / der zweier übergulde), ib. 37, 33; so bei Kilchberg 1, 3 (Ms. H. 1, 24a): 'wariu liebe ist minne ein übergülde'; ebenso Dietrichs Flucht 852: 'nu welt ir der tugent zil mit triuwen überguldeń'.

478, 3 *Und welle alsus ein mit ein in einikeit worden sint, der hertze und geist wirt ernúwert mit dem infliessen sins selben geistes mit núwer warheit, mit verborgem liehte, mit ungewonlicher sússikeit, mit eime ablegen aller unglicheit, mit eime waren inblick der gőttelichen clarheit.*

Auch hier in der echt mystischen Häufung der einzelnen Faktoren der Herzens- und Geisteserneuerung die Verbindung von 'núwer warheit', 'verborgem lieht' und 'warer inblick der gőttelichen clarheit'; im übrigen enge Anlehnung an biblische Sprach- und Vorstellungsweise.

Beachte die Doppelsetzung des 'ein' und seine spielende Wiederholung in 'einikeit', sowie auch die sechsmalige Wiederholung der Präposition 'mit' in Beziehung auf das 'ernúwert', eine der Anapher verwandte, auch in der weltlichen Dichtung sich häufig findende Art der Wiederholung (vgl. z. B. für den Welschen Gast; Ranke S. 26).

Ferner das Synonymenpaar der Abstrakta 'hertze und geist'; ähnlich Seuse 479, 13 'úwer hertz und můt', das im Mhd. häufiger begegnet.

Diese Synonymenpaare abstrakter Begriffe hängen mit der höfischen Tradition nur lose zusammen; doch finden sie sich häufiger in der didaktischen Dichtung (für Thomasin vgl. Ranke S. 119); ihre eigentliche Domäne aber ist die mhd. Predigt. . . .

489, 3 *wer . . . Cristum Jhesum, den wirdigen sun gottes und der junckfrówen, verkleinet und in valschem lichte verlúret* . . . Gegenüber dem obigen 'waren lieht' steht also hier das 'valsche lieht'.

Fernerhin noch die 'úberwesentliche sunne' mit ihrem 'usbrechenden glantz', die 'erlúhtet' mit 'inlúhtender warheit':

471, 6 *Der lieht Dionysius an dem bûche von der engelslichen Jerarchien sprichet also, daz die nidern von den ôbern werdent gefurbet, erlúhtet und volbraht; und das geschiht alles mit dem usbrechenden glantz der úberwesentlichen sunnen mit einer gemeinsame dez hohen usflusses mit nuwer inlúhtender warheit.*

Gemeint ist mit diesem dem Gebiete der theosophischen Mystik angehörigen Bilde von der 'úberwesentlichen sunnen' wiederum Christus; vgl. auch oben die 'himelsche sunne'.

Die unter dem Namen des Dionysius Areopagita (nach Apostelgeschichte 17, 34 eines Beisitzers des Areopag-Gerichtes zu Athen) gehenden, auf neuplatonischen Spekulationen beruhenden, in Wirklichkeit erst Ende des 5. oder Anfang des 6. Jahrh. in Syrien entstandenen Schrift „Von der himmlischen Hierarchie" (De coel. hierarchia), die von Joh. Scotus Erigena ins Lateinische übersetzt wurde, findet sich oft in den Schriften der ma. Mystiker zitiert.

Zum Epitheton ist das im vorstehenden in so mannigfacher Bedeutung verwandte Wort 'lieht' geworden bei der 'sumerzit', diese dadurch besonders anschaulich „ins Licht setzend", wenn das Ganze auch nur als metaphorische Wendung gilt:

425, 27 . . . *(der) mit der liehten sumerzit eins tugenthaften lebens durchlúhtet ist.*

Weitere Motive aus dem hier angezogenen Bereich siehe unten Abschnitt 'Landschaftliches'.

An Gottes Licht das eigene entzünden: diese Bedeutung schimmert durch in:

488, 14 *wellent ihr nuwes lieht und nuwe gnade von gotte haben,* . . .

Überall die Auffassung von Gott als dem Lichtbringer, — Gott, der selbst das Licht ist (deus qui lumen es).

Das Motiv von der Sonne wird weiterhin verwendet in einem eigenartigen, stark euphemistisch gefärbten Ausdruck für 'sterben':

468, 14 *untz daz der swere nidertragende lip wurt abe geleit und daz gelúterte ŏge in der ewigen sunnen rad frilich wurt gestecket.*

Dem Ausdruck 'der ewigen sunnen rad' liegt zunächst der Begriff des ständig Dahinrollenden zugrunde. Schon altnordisch wird 'das laufende Rad: hverfanda hvel (Hǫv. 83, 3; Alvism. 14, 2 usw.) als poetische Umschreibung der Sonne gebraucht; ebenso Alvismál (Edda ed. Jonsson S. 66): das schöne Rad (fagra hvel). — Jedenfalls will Seuse (das ergibt sich aus dem Zusammenhang unserer Stelle) damit sagen, das jetzt noch trübe, matte Auge, das das ewige Licht noch nicht verträgt, wird nach dem Ableben eingefügt in die ewige Sonne: Gott, dessen zeitliches Abbild am Himmel (ebenfalls ewig) dahinrollt. — Anderseits ist rota aus der hymnologischen Literatur zu belegen; auch für diese Stelle darf also weltliches Motiv und geistliche Tradition als ineinanderfließend betrachtet werden.

472, 4 *so dir alle irdenscheit ieme enpfellet und daz untodemlich kleit des kúnftigen iemer werenden liehtes ieme wurt geeigent . . .*

Das Lichtgewand im Jenseits im Gegensatz zu dem ihm entfallenden irdischen Gewand, der 'irdenscheit' (letzteres nicht bei Lexer): Rein geistlicher Sinn in weltlichem Wortgewande.

Als Gegenstück zu Obigem tritt die Nacht auf, stets mit dem typischen Epitheton 'vinster' versehen:

409, 5 *Und wie daz sich der ros dem himeltowe lange habe vor beschlossen und sich gegen der vinstern naht, gegen dem kalten riffen, hab uf getan . . .,*

ebenso im Gegensatz zu 'tag':

427, 10 . . . *als die fledermus, dú den tag flúhet und die vinstren naht minnet;* ferner in der Metapher:

448, 14 *sú wundert, das sú ie so blint, so sinnelos gegen der vinstern naht der valschen minne mohtend werden;*

endlich die synonymen Begriffe 'timber' und 'timberheit' (letzteres nicht bei Lexer belegt):

505, 10 *wan es sprichet sanctus Gregorius, daz menschlich gemüte dicke kummet in soliche timberheit.*

446, 15 *die sûsse kúngin von himelrich, die mit iren usbrechenden fúrin blicken din timber hertze hat erlúhtet:*

Wie die Freude an der aufgehenden Sonne, so wird auch das Hereinbrechen der Nacht ein nicht seltenes Eingangsmotiv des Volksliedes, so in Uhlands Sammlung No. 86. Anderseits läßt sich das Motiv der 'vinstern naht' bis in die altgermanische Zeit zurückverfolgen; Belege a. a. O. bei Lüning, Die Natur in der altgerm. Dichtung. Über die Verwendung des Motivs der 'vinstri' in der ma. Predigt s. Heyer l. c. S. 419.

Der Morgenstern, der Verkünder des neuen Tages, hat in Seuses Briefen ebenfalls seine Stelle gefunden:

430, 20 *nement fúr úwer ŏgen die fromen vorbilder eins heiligen lebens, . . . die in sunderlichem andaht als der morgensterne lúchten, — den volgent nach, den tretent nach!*

Wenn Seuse hier hinweist auf die heiligen Vorbilder, die in Beziehung gesetzt werden zu dem Morgenstern, so vernehmen wir daraus deutliche Nachklänge einer langen Tradition der lateinisch-kirchlichen Hymnen. In einem Hymnus des 6. Jahrh. (Ph. Wackernagel, Kirchenlied I, 115) heißt es mit einer Art Natureingang: Aurora lucis rutilat, / cœlum laudibus intonat, / mundus exultans jubilat, / gemens infernus ululat. Noch viel weiter zurück läßt sich diese Kette verfolgen, so nach Wackernagel I, 67 (aus dem Breviarium ad primam): Jam lucis orto sidere / deum precemur supplices, / ut in diurnis actibus / nos servet a nocentibus; sowie diesem noch vorausgehend bei Aurelius Prudentianus (Wackernagel I, 30, 2): Caligo terrae scinditur, / percussa solis spiculo, / Rebusque iam color redit / vultu nitentis sideris.

So kann es nicht wundernehmen, wenn der Morgenstern zu einem ständig wiederkehrenden Motiv der geistlichen Dichtung des Mittelalters wird, besonders in den Marienliedern; so heißt es im Melker Marienlied (Müllenhoff-Scherer, Denkmäler 39, 4 f.): 'Mersterne, morgenrôt . . .' Vgl. dazu auch Konrad v. Megenbergs Bericht 'von dem morgenstern' (Buch der Natur S. 62, 7 f.). — An anderer Stelle der Goldenen Schmiede wird Maria direkt 'Morgenstern' genannt (vgl. Grimm, Einleitung S. 43*). Zur Benennung 'liehter morgenstern' für Maria vgl. im übrigen Salzer l. c. 23, 8 f. 401, 11 f.

Die gleiche Bezeichnung begegnet auch in der weltlichen Dichtung für die Herrin, so schon Heinr. v. Morungen (MF. 134, 36): 'mîn liehter morgensterne . . . mîn sunne'; ebenso späterhin Suchensinn 19, 22 (vgl. Pflug S. 52). Auch der Schweizer Minnesänger Jac. v. Warte nennt seine Fraue einen 'Morgenstern aller Schönheit' (vgl. Bartsch 22, 3, 21). Auch Der von Trostberg sagt von seiner Fraue, sie leuchtet vor den Rosen, wie der Morgenstern vor vielen Sternen (vgl. Bartsch 25, 2, 12).

Seuse selbst verwendet an anderer Stelle (Vita S. 14, 11) diesen Vergleich zur Charakterisierung der Elsbeth Stagel, seiner geistlichen Tochter: 'si lúhte als der morgensterne und schein als die spilndú sonne.'

Bei der Seuse eigenen Art, einerseits die Sinnbilder und Vergleiche, die anderorts in der geistlichen Literatur der Jungfrau Maria zukommen, auch für Christus zu verwenden, anderseits die Minneterminologie bis ins einzelne gehend — zumal in seinen Briefen an seine geistlichen Töchter — auf unser Verhältnis zu Christus zu übernehmen, wird nun im folgenden die Bezeichnung 'der liehte morgenstern' direkt für Christus eingesetzt:

432, 22 *nu trôstent uns mit der armût, die wir haben, bis daz der liehte morgensterne werde uf gende.*

Der Gedanke, daß Christus als der 'liehte morgenstern' mit seinem Licht unsere Armut und Leid überstrahlt, findet sich schon in einem Hymnus des Aurelius Prudentianus (Wackernagel I, 29 und 30): 'nox et tenebrae et nubila / confusa mundi et turbida, / Lux intrat, albescit polus, / Christus venit, discedite . . .' Ebenso in einem der Elpis, der Gemahlin des Severinus Boethius zugeschriebenen Hymnus (Wackernagel I, 75): 'Aurea luce et decore roseo / lux lucis omne perfudisti sæculum'; ferner ein solcher des Hrabanus Maurus (Wackernagel I, 133): 'Lumen clarum rite fulget / orto magno sidere, / Quod per totum splendet orbem, / umbras noctis aufugans . . .'

Bihlmeyer erinnert zu unserer Stelle an 2. Petrusbrief 1, 19 ('woran ihr gut tut, euch zu halten als eine Leuchte, die da scheinet an einem finsteren Ort, bis daß der Tag durchbricht und lichtbringend aufgeht in euerem Herzen'). — Angenommen, diese Erinnerung treffe für Seuse zu, wieviel konkreter, knapper und anschaulicher ist doch der Ausdruck unseres Predigermönchs als das biblische Bild!

Gleiche und ähnliche Parallelen aus der althymnischen Literatur wie hier für den Predigermönch aus dem 14. Jahrh. werden für den edlen Jesuitenpater des 16. Jahrh. Fr. Spee von H. Schachner gegenübergestellt (Gym.-Progr. Kremsmünster 1906), ohne daß damit dort sich feste Beziehungen zu einem bestimmten Liede aufstellen ließen (Schachner S. 46).

446, 7 *do der liehte morgensterne heiterlich durchbrach die leiden vinstri dins dunckeln hertzen, do wart er frôlich gegrûsset. — Ich hûb uf an der lieben stunde mit schalle eine frôdenriche stimme, daz es in der hôhi erklang: „ach, got grûsse dich, praeclara maris stella, got grûsse dich, ufgender lúchtender, wunnenklicher, zarter morgensterne, von dem grundelosen grunde aller minnenden hertzen.*

Von rein sprachlichen Eigentümlichkeiten, den schmükkenden Beiwörtern 'liehte' (morgensterne), 'heiterlich' (durchbrechen), 'leide' (vinstri), 'dunkle' (hertzen), 'frôlich' (gegrûsset) sowie dem wortspielenden Oxymoron vom 'grundelosen grunde' und anderen abgesehen, — welch rhythmisch bewegte und poetisch vollklingende Paraphrase des Anfangs des bei der Weihe der Osterkerze gesungenen Hymnus: Exultet iam angelica turba cœlorum, den Bihlmeyer als Quelle dafür anspricht.

Man möchte versucht sein, bei der frischen Art der Darstellung mit ihrer ganz persönlich gehaltenen Note, hierin einen Reflex eigenen persönlichen Erlebens zu sehen. Es möchte scheinen, als ob wir den diese Worte niederschreibenden Mönch, von der Frühmesse zurückgekehrt, in Gedanken vor Tagesanbruch am Fenster seiner Zelle stehen sehen, den Blick über die das Inselkloster zu Konstanz umspülenden Wasser des Bodensees bis zum fernen Horizont gleiten lassend, dem Aufgang der Sonne entgegenharrend, den Gesang der Klosterbrüder in der Mette noch im Ohr von Christe, qui lux est et dies (Hoffmann, Kirchenlied l. c. Nr. 153) oder von der Jungfrau Maria als maris stella (Kehrein, Sequenzen Nr. 201, 2): Tu præclara maris stella vocaris / quæ solem iustitiae paris, / a quo illuminaris, Maria, die ihren Namen trägt vom Meerstern (maris stella), wie er in der geistlichen Literatur vielfach erklärt wird, so in der Leyserschen Predigtsammlung S. 102, 6. (Vgl. auch untenstehend S. 46.)

So redet im Arnsteiner Marienleich der Dichter Maria an: Stella maris bistu genant / von dem sterren, der an daz lant / daz muode schif geleidet, / dar in ze rasten beidet. (M.-Sch., Denkm. 247 f.). — Auch im Melker Marienlied 4. Str. (vgl. oben): 'Mersterne, morgenrôt / anger ungebrâchôt . . .' — 'merstern' neben 'morgenstern' als Bezeichnung für Maria begegnet auch bei Konrad v. Würzburg (vgl. W. Grimm, Einleitung zur Goldenen Schmiede S. 43). Vgl. weiterhin die Verwendung dieser Grußformel im deutschen Kirchenlied, so Hoffmann l. c. Nr. 147 in einem Liede auf Maria, überschrieben Ave maris stella: 'Got grüsse dich, lichter meres stern, / alleine wirdig, got zu gebern! . . .'; ebenso ebenda Nr. 148 ein ähnliches Lied 'Ave præclara maris stella' vom Mönch von Salzburg. Eine Kombination beider Lieder ergibt sozusagen wörtlich, was

Seuse hier mit 'frôdenricher stimme' hinausruft, 'daz es in der hôhi erklang'.

Ob sich unserm Mönche damit tatsächlich Erlebnis und Dichtung in eins fügen oder nicht, jedenfalls erscheinen gegenüber dem Osterkerzen-Weihegesang (vgl. Bihlmeyer l. c.) die hier aufgezeigten Stellen um vieles treffender.

Auf das von J. Grimm (Deutsche Mythologie 4. Aufl. S. 620—25) über den Tagesanbruch Gesagte sei nicht unterlassen hinzuweisen, wenngleich die Anklänge nur sehr vage sind.

Noch ein Weiteres mag sich uns bei der Betrachtung des 'ich hůb uf (erhob) an der lieben stunde mit schalle ein frôdenrîche stimme' aufdrängen, besonders im Hinblick auf die folgende Stelle:

446, 13 *Ich reissete die gesellen, daz sú schallichen den glentzenden morgensternen grůztin.*

Sollte das 'schallichen den morgensternen grůzen' als geistlicher Morgenruf nicht in Beziehung zu setzen sein zum Tagelied? Wie hier kommt auch in der von J. Schmidt (ZfdPhil. S. 12, 333) mitgeteilten „ältesten Alba" von Liebenden im eigentlichen Sinne nichts vor. Sie wird von W. de Gruyter (Das deutsche Tagelied, 1889) für ein geistliches Wecklied erklärt in Übereinstimmung mit Laistner (Germania S. 26, 418 f.), eine Auffassung, der sich auch Roethe anschließt (AfdA. S. 16, 86 f.). — Wenn schon unsere ersten mhd. Tagelieder unter romanischem Einfluß stehen (Roethe l. c. S. 91), sollten wir hier in dem Morgenruf unseres Predigermönchs nicht eine neue parallele Erscheinung — auf der geistlichen Seite — sehen können? (vgl. hierzu auch Schönbach, Über die Anfänge des Minnesangs, 1898; auch Wilmanns, Walther S. 167 und Anm. III, 18).

Laufen von hier aus also die Verbindungslinien über das geistliche Wecklied und das Tagelied in die romanische Literatur, so sind die oben aufgezeigten Quellen der lateinisch-kirchlichen Literatur für unsere Stelle im besonderen heranzuziehen.

So läßt auch Franz von Assisi in seinem Sonnenhymnus oder Gesang vom Bruder Sol (de lo Fratre Sol) den Bruder Sol und Bruder Wind, Schwester Wasser und Mutter Erde zur Verherrlichung des Schöpfers Himmels und der Erde beitragen; Zitate hieraus siehe Biese, Entwickelung des Naturgefühls im Mittelalter und der Neuzeit (S. 196).

Nicht anders ist es bei Bonaventura, nicht anders bei Bernhard v. Clairvaux sowie dessen Zeitgenossen Hugo v. St. Victor, dem großen mystisch gestimmten Lehrer der Pariser Hochschule (Zitate s. Biese l. c.). —

Einen ersten Markstein dieser ganzen Richtung bezeichnen die Ambrosianischen Hymnen, in deren einem dieser auffordert, den Schöpfer des Lichtes bei Tagesanbruch zu preisen (Wackernagel l. c. I, 3): Fulgentia auctor aetheris / qui lunam, lumen noctibus, / solem dierum cursibus / certo fundasti / tramite: / nox ater iam depellitur, / mundi nitor renascitur, . . . / laudes sonare iam tuas / dies relatus admonet . . . Ähnlich in einer Sequenz Notkers auf Marien Himmelfahrt: Quam splendida polo / stella maris rutilat, quae omnium lumen / astrorum et hominum / atque spirituum genuit[1].

Das hier angezogene Motiv war in der ma. geistlichen Literatur also längst ein traditionelles geworden. — Zur Verwendung der Motive aus der Sphäre des Lichtes im Volkslied vgl. Hoeber (Acta germ. VII) S. 52.

Wenn schließlich Lüning (l. c. S. 21 f.) darauf hinweist, daß die mhd. Lyriker in ihren Vergleichen und Bildern vom Licht mehr die innerlich erquickende Wirkung desselben, — die mhd. Epiker hingegen mehr das weithin Strahlende des Sonnenlichtes bevorzugen, so vereinigen sich nach den gegebenen Beispielen bei Seuse (neben der rein mystischen Meinung, die oben des sprachlichen Ausdrucks wegen gleichfalls Berücksichtigung fand) beide Auffassungen, unter Bevorzugung der epischen.

* * *

[1] Winterfeld-Reich S. 193—94: Wie hellen scheines leuchtet / droben hoch des Meeres Stern, / die ihn gebar, das Licht / der Sterne, des Menschenvolks / dazu der Seligen Geisterschar.

Das allgemeine Ergebnis ist:

a) Seuse weiß die großen elementaren Naturbilder und Empfindungsregionen mit Geschick herbeizuziehen.

b) Die Einheitlichkeit der Bilder ist nicht durchgehend gewahrt.

c) Archaistisches und modern Geistliches ist meist gemischt.

d) Drei Strömungen fließen bei ihm durcheinander:

  α) Das volkstümliche Element des weit umherkommenden Predigers.

  β) Die literarischen Interessen des für einen Kreis von Frauen, die meist aus adeligen und bürgerlichen Patrizierfamilien kommen, schreibenden Beichtvaters und überall das Anziehende hervorkehrenden Predigers.

  γ) Die starke geistliche Tradition des ma. Kirchenliedes und der ma. Predigt.

e) Die eigenen analogen Zutaten Seuses bezeigen starkes persönliches Empfinden.

f) Bei allen weltlichen Zutaten in Bildern, Vergleichen und Metaphern herrscht doch schließlich das Tendenziös-Geistliche vor.

Zweites Kapitel.

MOTIVE UND FORMELHAFTES AUS DEM BEREICH DER ELEMENTE.

Inhalt:

a) Das Feuer.
b) Das Wasser in seinen verschiedenen Gestaltungen.
c) Der Luftbereich.

---

a) Motive und Formelhaftes aus dem Bereich des Feuers.

Schon im Nibelungenlied und früher bieten Feuer, Glut und Brand den Stoff zu Vergleichen (vgl. Groth, Vergleich, Metapher, Allegorie und Ironie im Nibelungenlied). Das bleibt auch durch die ganze höfische Epik und die mhd. Lyrik hindurch so, bei allem sonstigen Mangel an Naturgefühl bei den einzelnen Dichtern, wie die unten herangezogenen Belegstellen dartun.

Ein naheliegendes Bild ist das des Liebesfeuers:

457, 19 *Du wilt strô zû dem brande legen, der nuwen ein kleines mit der wissen eschen ist betrochen und noch niergent erloschen ist?*

Für diese inhaltlich in den Bereich der weltlichen Minnemotive gehörige sprichwörtliche Redensart, die sich auch bei Freidank findet (121, 3), seien folgende Anklänge aus der mhd. Dichtung vermerkt: Konrad v. Würzburg, Trojanerkrieg (V. 15990): 'ein strô daz bi dem fiure lît'. — Hadamar v. Laber (439): 'swaz sich ze ferre trostet siner künste / und strô ze fiuwer mischet / von kleinen funken siht man groze brünste'. — Jg. Titurel (5776, 3): 'wan sich ein strô bî viure gern enbrennet'. — Wälsche

Gast (12107): 'swer mit strô viuwer lischet, daz dunket mich ein goukelspil'. — Die nächste Parallele aber zu unserer Stelle, die die Adressatin, eine junge Nonne, als 'krenker denne Eva in dem paradise' bezeichnet, findet sich (nur in Umkehrung) als Rat an junge Männer im mhd. Buch der Rügen 1641 (ZfdA. 2, 92): 'Flieht die vrowen bî der zît / wan ungewaerer straete lît / strô bi dem viure, / daz wazzer waere tiure'. Zingerle führt in seinen Deutschen Sprichwörtern a. a. O. zwei weitere ähnliche Sprichwörter auf.

Dasselbe Bild des Feuerbrandes für die leidenschaftliche Gottesminne:

466, 16 *wie ein inbrûnstige vackel entbrennet si in dime hertzen von rehter, begirlicher, inhitziger minne zû der minneklichen ewigen wiszheit.*

Ein auch sonst bei Seuse mehrfach vorkommendes Bild, so im Bdew. (vgl. Heyer l. c. S. 424, 425), zweifellos auf die antike Vorstellung vom Gott Amor zurückgehend. Als Ausdruck der geistlichen Allegorie belegt W. Grimm, Einleitung zur Goldenen Schmiede 42*: 'brennende minnenblüte'. — Aus der weltlichen Dichtung sind ebenfalls Anklänge vorhanden, wenn das Bild dort auch knapper gehalten oder weniger straff durchgeführt ist; so Reinm. v. Brennenberg 4, 1: 'er brinnet als ein vakkel hel' (Ms. H. 1, 336[a]); Konr. v. Kilchberg 1, 3: 'Amor ist din vackel heiz' (Ms. H. 1, 24[a]); Der wilde Alexander 1, 15: 'Vürwar so kumt Amor gevlogen / der bringet vakkeln unde bogen / . . . so kumt ein viur und ein gelust / balde under minne gernde brust' (Ms. H. 1, 365[a]); id. 3, 2: 'Ir minne mich entzündet hat / . . . darnach erglueje ich an der stat, / als ob ich brinne: daz tuot mir kunt / ir roter munt'; das Entbrennen in Sehnsucht auch bei Rost, Kilchherre zu Sarnen (s. Bartsch 32, 4); ebenso Heinr. v. Tetingen (Bartsch, Schw. Ms. 17, 2) in einem Frühlingslied: Herz und Leib brennt ihm nach der Geliebten; ähnlich Schweiz. Ms. 5, 47: so entzündet mich ir minne. Über das Brennen des Liebesfeuers im Volkslied vgl. Hoeber S. 101 Anm. 2.

'in-brunstec' (hellbrennend) — gleiche Bildung mit dem Präfix in- (mit intensiver Bedeutung) wie das folgende 'in-hitzec' — ist hier in der ursprünglichen konkret-sinnlichen Wortbedeutung gebraucht. Nach Grimm, Deutsches Wtb. (IV, 2, 2106, 159) ist dies der älteste Beleg. Vgl. hierzu auch die wohl nicht unbeabsichtigte Zusammenstellung von 'inbrúnstec' und 'entbrennet'; offenbar haben wir es hier mit einer Art Wortspiel zu tun.

Ähnliche intensitätssteigernde Epitheta, die weder in der mhd. Lyrik noch in der Prosa Gemeingut sind und als individuelle Neuerungen Seuses in ihrer spezifisch mystischen Prägung anzusehen sind, siehe in der Zusammenstellung von Heyer l. c. S. 199 und 201.

Zu beachten ferner die Häufung der Epitheta: 'reht, begirlich, inhitzig' zu 'minne', das in dem folgenden 'minneklich' seine Wiederholung findet.

Das Bild von der Erzeugung von Funken durch Aneinanderreiben eines harten und eines weichen Gegenstandes liegt zu Grunde:

448, 16 *Herre, daz ich hie vor läss, daz han ich nu enpfunden: so daz liplich zů dem geistlichen, daz natúrlich ze dem ewigen geratet, daz ein grosser funk diner gnadrichen minne dar us wirt. — Eya, ewigú wisheit, dis ist die wandlung diner rehten hant, zartú frow vom himelrich, daz sint die werk diner grundlosen miltekeit!*

Diese der Naturkunde entnommenen Metapher von dem 'funk diner . . . minne' samt dem ganzen angezogenen Bild ist von Seuse hier trefflich verwendet, und wenn von ihm auch nicht als erstem, so doch selbständig verwertet. — Konr. v. Megenbergs Buch von der Natur spricht in dem Abschnitt 'von dem veur' (S. 68—73) nur von der Natur des Feuers, nichts von seiner Erzeugung.

In der mhd. Dichtung formelhaft geworden ist die Berufung auf eine Quelle: 'daz ich hie vor läss'; so auch (ein Beispiel für viele) Lamprecht v. Regensburg (ed. Weinhold S. 10): 'als ich ê las'. — Seuse stellt zu 'lesen' in Gegensatz das eigene 'enpfinden'.

Die zwei Hauptworte der beiden Parallelsätze: 'wandlung-werk' sind durch Alliteration gebunden hervorgehoben. Bei J. Grimm, Deutsche Rechtsaltert. statt dieser Verbindung nur die ähnliche: wercum und wordum (Abschwörungsformeln, S. 67); ähnlich Otfried III, 24, 91:

'mit worton joh mit werkon'; Trojanerkrieg 24914: 'mit werken und worten'; Eneide 13359: 'an worden end an werken'.

Zu 'wandlung' zieht Bihlmeyer in seiner Anmerkung als biblische Quelle bezw. Parallele herbei Ps. 76 (77), 11: 'Das ist mein Leiden, daß die Rechte des Höchsten sich geändert hat' — mit Unrecht! Mhd. 'wandlung' hat hier nicht die Bedeutung von 'Veränderung', sondern (wie ja auch der ganze Zusammenhang deutlich ergibt) von: Wirkung, Handlung, Arbeit. (Über das damit verwandte 'wandel' in seiner Bedeutungsentwickelung im Volkslied vgl. Hoeber S. 33.)

Das Motiv des Feuers begegnet nochmals in einer volltönenden Metapher, die treffend das Konkret-Anschauliche für einen inneren, seelischen Vorgang setzt:

453, 12 *die fúrin stralen bitterlicher scham,*

Ähnlich im Bdew. (229, 23): dinú vientlichen wort sint so gar fúrin, daz sú durchschnident durch herz und durch sele. — Auch 'scham' trägt dem Veranschaulichkeitsbestreben des Prediger-Briefschreibers folgend dazu in typisierendem Sinne das Epitheton 'bitterlich'. — 'stral' (Pfeil) im bildlichen Sinne auch sonst im Mhd., so Ms. H. 3, 30b: sît ich trage den slac von der minne strâle, eine der Antike (Amors Pfeile etc.) nachgebildete deutsche Wendung.

Das Bild des Feuerbrandes wird in der geistlichen Prosa des 14. Jahrh. öfters gewählt, um die Leidenschaft der Gottesminne anschaulich auszudrücken; Belege aus dem St. Georgener Prediger sowie Banz, Christus und die minnende Seele neben den Stellen des Bdew. s. Heyer l. c. S. 424 u. a.; die Ausdrücke 'en-brennen' und 'in-brúnstic' aber nur bei Seuse.

Einen weiteren Niederschlag hat das Motiv vom Feuer gefunden in dem Epitheton 'hitzig':

435, 11 *da manig stoltze hirtze nach hitzigem ernste sich hat nider gelan und da erweichet und unmechtig worden ist, und daz ist lâwes leben nach eime hitzigen anvang.*

Aus Berthold von Regensburg, Eckehart, dem St. Georgener Prediger ist 'hitzeklich' öfters zu belegen, also ein Wort der geistlichen Überlieferung; wiederholt verwendet es auch Seuse an anderen Stellen seiner Schriften (s. Heyer l. c. S. 424).

b) Motive und Formelhaftes vom Wasser in seinen verschiedenen Gestaltungen.

Für unsern Predigermönch, in dessen Seele, wie wir bereits gesehen haben und noch weiterhin sehen werden, sich weltliche Motive mit geistlicher Tradition so harmonisch mischen, darf es in den meisten Fällen mehr als eine bloße Formel angesprochen werden, wenn er in seinen Briefen und Predigten einen Ton mit einklingen läßt vom grundlosen Meer, dem tiefen 'wâge', dem starken 'gewille' (Wogengang) des Meeres, dem einzelnen 'trôpfli' der Meeresflut wie den unzähligen Sandkörnern am Meere — nicht minder wie von der ganzen funkelnden Pracht, die an einem sonnigen Maimorgen über taufrischen Blumen und Gras liegt, wenn er redet vom 'sûssen meientowe' auf Rosen wie auf Disteln — endlich vom kalten 'rîfen' und tiefem Schnee, von Wolken und Gewittern.

419, 11 *Und wer úwer hertze von minnen als daz grundlos mer, daz wúrde alles von des schônen minners minne uss gesogen.*

Das Herz voll Minne, so tief wie das unergründlich tiefe Meer, — und doch ausgetrunken von der Minne des schönen Minners (Christus): das ist in seiner naiv-anschaulichen Art ein an ähnliche Übertreibungen der mhd. Spielmannsdichtungen gemahnendes Motiv, wenngleich sich zunächst auch kein spezielles Gegenstück anführen läßt, es sei denn Ms. H. 2, 242[b]: âne schaden daz mer er eines in sich trunke.

Dieses Bild reiht sich in seiner Hyperbel sinngemäß wie formal an das in Seuses 'Büchlein der ewigen Weisheit' angeführte Bild (212, 27—213, 3): „. . . Owe ich arms wip, wie waz mir so wol bi minem gemaheln, und ich daz so wenig erkande! Wer git mir des himels breit permit, des mers tieffi ze tinkten, lob und gras ze vedren, daz ich volschribe min herzleid und daz unwiderbringlich ungemach, daz mir daz leitlich scheiden von minem geminten hat getan!" Reinh. Köhler (Kl. Schriften III, 293f.)

hat das Auftreten dieses letzteren Bildes in seinen mannigfachen Wandlungen durch die europäische Literatur verfolgt und als dessen frühestes Auftreten ein jüdisches Pfingstlied aus dem 11. Jahrh. festgestellt.

Das veranschaulichende Beiwort 'grundlos' zu 'mer' in seiner eigentlichen, konkreten Bedeutung kehrt auch in den beiden folgenden Belegstellen wieder:

449, 20 *Herre, mich kan niemer verwundren, swie frômde es mir ŏch hie vor was, daz kein grundelos minnendes hertze in icht denne in dir, tieffe wăg, grundeloses mer, tieffes abgrúnde aller minneklichen dinge gelenden mag.*

Auch hier die Benennungen für Christus mit den typisierenden Beiwörtern: 'tieffe wăg', 'grundelos mer', 'tieffes abgrúnde aller minneklichen dinge' (sämtlich nicht bei W. Grimm, Einleitung zur Goldenen Schmiede) in schöner Übereinstimmung mit dem nicht deutlich ausgesprochenen Bild von 'grundlos minnenden hertzen' als dem Schiffe, das in ihm anlegt, landet.

Wer denkt dabei nicht an das einem älteren Liede von Joh. Tauler nachgedichtete Lied (Hoffmann l. c. S. 107—109): '. . Uf einem stillen wage / kumt uns das schiffelin . . .'. — Bei W. Grimm, Einleitung zur Goldenen Schmiede (S. 39*) ist nur das Bild vom Meer schlechthin in sehr viel weniger poetischer Art angeführt und zwar zur Erklärung des Namens der Maria: wie das Meer alle Flüsse aufnimmt, so vereinigt sie alle Güte, daher 'Maria'.

Das Bild von im tiefen Wasser versinkenden Stein begegnet ferner:

534, 8 *were eyn stein und viel in eyn grundeloiz wazzer, der müste ummer vallen, wan he inhelte niet grundes. also sulde der menschc haben eyn grundeloiz versinken und vervallen in den grundelosen got und in in gegrundet sin . . .*

Das gleiche Bild findet sich auch im 'Buch von geistlicher Armut' (99, 28 f.), das früher Tauler zugeschrieben, von Denifle aber als diesem nicht zugehörig erwiesen wurde. — Ein Anklang an das gleiche Motiv findet sich in der

2. Predigt Seuses (S. 517, 7): 'den steyn wirff in des Rynes grunt'.

Sprachlich sei aufmerksam gemacht auf die hier ganz konkrete Bedeutung des 'ge-grundet' im Sinne von 'Grund gefaßt', das Einhaken des Ankers versinnbildlichend, bei Seuses ganzer Art der Diktion entschieden mehr als einfaches Praefix des Part. Perfekts, die Vollendung, das Perfektwerden der Handlung bezeichnend.

Gegenüber dem 'grundeloiz versinken und vervallen' (beachte den rhythmischen Gleichklang der beiden synonymischen substantivierten Infinitive!) hat das antithetische 'ge-grundet' den Reiz des Wortspieles. — Zu 'grundelos' an dieser und an der voraufgehenden Stelle in seiner besonderen mystischen Prägung durch Seuse vgl. Heyer l. c. S. 199.).

Das starke 'gewille' des tiefen Meeres schwebt dem Briefschreiber vor in folgender interessanten Ideen- und Motivenverbindung:

429, 20 *Swer uf den tolden eines versmahens aller zitlichen dinge ist geflogen, in die hoheit des unwandelberen gůtes ist gesessen, . . ach, lieben kint, wes gebristet dem uf ertrich? . .* (430, 1) *Gesach in got, daz er ie geborn wart! Wie mag er got so wol loben, so er under sich siht und in dem starcken gewille des tiefen meres eins ungôtlichen lebens so manig freisinen hertzen, libes und sele ane siht!*

Diese kühnen Metaphern 'fliegen uf den tolden' eines 'versmahens aller zitlichen dinge' und dem 'starcken gewille des tiefen meres' eines 'ungôtlichen lebens', für die auch aus der Scholastik keine Vorbilder zu erbringen sind, zeugen in ihrer kühnen Mischung von Concreten und Abstracten davon, daß auch im 14. Jahrh. die Spuren Wolframs noch nicht verweht waren.

Das erstere Bild ist anscheinend hergenommen von der Turteltaube, die nach dem Tod ihres Geliebten auf einen dürren Ast sich schwingt, wie noch weiter unten Kap. IV gezeigt wird. — Der Zug zum Charakteristischen, zum Sinnlich-Greifbaren läßt dabei dem Briefschreiber in dem angezogenen Bilde etwas Unlogisches unterlaufen, da ein 'dolde' weit absteht von dem traditionellen Bild des dürren Astes, auf den sich die Turteltaube erschwingt. Aber nicht weltfremde, der lebendigen Anschauung bare Tradition ist für den Briefschreiber hier anzunehmen, die ihn zu dieser unerträglichen Kombination verleitet hätte, — eher ist für diese wie für die folgende Metapher von dem 'gewille des tiefen meres' ein Stück wirklicher Naturbeobachtung in Anspruch zu nehmen. Dafür spricht schon die Verbindung beider Motive: das dem Anwohner des Bodensees offenbar nicht seltene Bild eines am Ufer des Sees (oder des überschwemmten Vorgeländes der Flußläufe) stehenden Baumes, der seine Äste über das Wasser des Sees (bezw. des Flusses) hinstreckt, mag ihm dabei vorgeschwebt haben.

Die Zusammenstellung der an und für sich schönen, sinngemäßen Metaphern von dem dürren Zweig, auf dem die Turteltaube sitzt, und dem Wogengang des Meeres ist jedenfalls eine etwas gesuchte. Das ganze Bild in seiner naiv-volkstümlichen Art ist vom Standpunkt des Predigers aus zu betrachten, der zur Ausmalung seiner geistlichen Sendschreiben in die Frauenklöster der alemannischen Gaue solcher das Ganze in frischere, lebhaftere Beleuchtung rückenden Pinselstriche bedarf.

Sprachlich beachtenswert ist die Pluralbildung 'vreisinen' (zum Sing. 'vreisi'), den Schrecken, Gefahr und Ungestüm der tobenden Elemente bezeichnend; sonst nach den Wörterbüchern: 'des meres vreise' (Genesis ed. Diemer 110, 20), 'in wilden vreisen' (Wartburgkrieg ed. Simrock 174, 6), 'daz land ist alles vreisen vol' (Boner 43, 11).

Ferner die Formel: gesach in got, daz er ie geborn wart! — ein bei Seuse wiederholt vorkommender, formelhafter Segensruf. Nach Er. Schmidt (QF. 4, 98) ist nicht dieser Segenswunsch, sondern die Verwünschung das Ursprüngliche: 'we daz ich (er) ie wart geborn' (so auch in Seuses Bdew. 213, 3 'We mir, daz ich ie geborn ward!'), nach Hiob 3, 3: pereat dies in qua natus sum; von da aus die Umkehrung zu Christus: 'wol uns daz er ie wart geborn' (Ms. H. 2, 242a); 'ez waz vil bezzer denne wol, daz din lip ie wart geborn' (Guter Gerhard V. 6666); s. a. Ulr. v. Lichtenstein 243, 9. 365, 27.

Das Bild vom Meer und seinem Wellengang ist ferner verwendet:

436, 17 *Ich weis einen brediger, so der von maniger starken wellen was hinder sich getriben und nach sime duncke gentzlich entsetzet was an rehtem ernst und an herzklichem andaht . . .*

Der Predigermönch wird von 'maniger starken wellen hinder sich getriben' (so auch 365, 18), nach seinem 'duncke' (Bedünken) 'ent-setzet': auch hier wieder die im Bilde bleibende konkrete Bedeutung des Wortes: 'weg-, ver-setzt' von.

Selbst in das persönlich apostrophierte 'edel ding der rúwe' (Reue) spielt das Bild vom Meer hinein, vom Meeresboden, in dem der Anker seinen Grund, die Seele als Halt den 'waren grunt' einer rechten 'rúwe' findet:

453, 3 *Owe, rúwe, wel ein edel ding du bist! Wie selig der ist, dem der ware grunt einer rehten rúwe wirt! — Wan dem werdent sine súnden luterlich vergeben, und were ir als vil, als grienes (griezes) in dem mer ist.*

Im 2. Teil dieser Stelle wechselt die Perspektive des konkreten Bildes, wenn auch das Bild vom Meer und Meeresgrund bleibt, der in Anlehnung an den geläufigen biblischen Vergleich als sandig vorgestellt ist. — Dieses ursprünglich dem Bildervorrat der Bibel entnommene Bild, in dem zwei verschiedene bildliche Ausdrucksweisen zusammentreffen, findet sich auch sonst in der geistlichen Literatur; so Wernher (3. Lied, 457): 'da ist diner gnâden mê / danne griezes in dem sê'. — Auch Goldene Schmiede (V. 1743) ist das gleiche Motiv verwertet bei einem Vergleich der 'kiuschen magetheit, / an die got selbe hât geleit / mêr sælden unde güete, denn in des meres vlüete / si griezes unde sandes'. Weitere Beispiele vgl. Zingerle (Deutsche Sprichwörter im Ma. S. 127); auch bei Konrad von Würzburg: 'der die mergriezen zelt' in relativer Umschreibung für Gott (s. W. Grimm, Einleitung S. 26*).

Weiterhin begegnet das Wasser in folgender allegorischer Redewendung:

435, 10 *Eines tiefen wages han ich war genommen, da manig stoltze hirtze nach hitzigem ernste sich hat nider gelan und da erweichet und unmehtig worden ist, und daz ist lâwes leben nach eime hitzigen anvang.*

Ein schlichter Bach tut es dem seine Rede anschaulich

ausmalenden Prediger also nicht, es muß ein 'tiefer wage' sein. — Der Ausdruck 'tiefe wâge' auch im Volkslied, so Uhland 315 Str. 3: 'als ain tiefe wages flůt'.

Das dem Anwohner des Schwäbischen Meeres naheliegende Bild vom 'trôpfli in dem mer' hat zur Veranschaulichung des kleinen Maßes von Leiden des Gottminnenden Menschen gegenüber dem Unermeßlichen des Leidens Christi dem Briefschreiber gedient:

441, 24 *alles min liden, versmeht, entstellung, ersterben, verworffenheit verswindet als ein trôpfli in dem mer.*

Die alemannische Verkleinerungssilbe des 'trôpfli' gegenüber dem gewöhnlichen Bild von 'Tropfen in dem Meer' stellen eine bewußte Steigerung der Extreme dar. Diese Verkleinerung 'trôpfli' erfährt a. a. O. weiter Steigerung zu 'kleinen trôpflin': 432, 13 *Owe, minú lieben kint, wie mugent wir uns selber so wol erbarmen, daz wir ellenden kempfen nút anders begerent denne der kleinen trôpflin, die da vallent von dem himelschen Jerusalem . . .*

Die Verbindung von den 'ellenden kempfen' mit den 'kleinen trôpflin' und dem 'himelschen Jerusalem' hat zunächst etwas Befremdliches; es ist ein Anklang an das biblische Gleichnis vom reichen Mann und armen Lazarus, nur etwas ins Ritterliche gewendet: aus der die Phantasie der 'lieben kint' wenig erbaulich berührenden Figur des armen Lazarus werden 'ellende kempfe'. — Auch die Brosamen passen dem Briefschreiber anscheinend wenig für die Vorstellungswelt seiner Adressatinnen, die zum Teil aus adeligen Häusern kommen: 'kleine trôpfli', die zugleich auch mit dem Naturbild der labenden Regentropfen zusammenstimmen und zugleich etwas von geistlicher Beimischung behalten, treten an ihre Stelle.

Der Vergleich des Tröpfleins mit dem Meer zur Veranschaulichung der Nichtigkeit des Irdischen gegenüber dem göttlichen Gute, ist in der mhd. Prosa ein traditioneller, wie er auch bei Seuse selbst sonst noch mehrfach begegnet; für das Bdew. siehe die Belege bei Heyer l. c. S. 430 f.; vgl. auch Hasse l. c. S. 193.

Das Wasser als Labsal, als unerschöpflicher Brunnen hat gleichfalls als Motiv seine Verwendung gefunden (erneut in der schon oben öfters begegnenden Form: vorangestelltes Concretum mit davon abhängigen Abstractis):

498, 19 *Sehent, got ist ein also unerschôpfeter brunne grundeloser erbarmherzikeit und natúrlicher gûte . . .*

Die gleiche Vorstellung schon im ahd. Gedicht 'Christus und die Samariterin' (V. 11. 12), wie sie auch dem Volkslied geläufig ist, so Uhland Nr. 316 Str. 3: 'Du bist ein prunn, der nit verseicht'. Das Part. Adj. 'unerschepfet' auch sonst gebraucht, wenn auch minder konkret bei den Mystikern; so bei David von Augsburg: 'dine unerschôpfte wisheit'; siehe auch Pfeiffer, Mystiker 1, 381, 35. Der mhd. Prosa ist das an sich weltliche Motiv von der Wasserquelle, aus der alle Gaben der Gottheit in unerschöpflicher Fülle hervorsprudeln, ein sehr geläufiges.

Ein ähnliches Bild mehrfach im Bdew. 242, 16 'nu lûg . . . wie sú uz dem lebenden usklingenden brunnen trinkent' u. a. a. O. (s. Register bei B). Weiteres hierzu s. Heyer l. c. 419, 421, wo auch Belege aus anderen mhd. geistlichen Prosaikern angeführt sind, so Eckhart, David von Augsburg, St. Georgener Prediger und die Grieshabersche Predigtsammlung.

Die Vorstellung vom Wasser liegt auch den folgenden verbalen, rein mystischen Ausdrücken 'versöffet' und 'besöffet' zugrunde:

476, 5 *so si (die sele) . . . in daz bloss abgrúnd des ewigen gûtes . . . versoffet wirt, daz sú ir selbes und aller ding untz an daz luter gût ein vergessen gewint.*

477, 10 *der wissage David, der was eins males besoffet in der stille des gôtlichen schowens.*

Ähnliche eigenartige, oft nicht gerade glückliche Neuschöpfungen in der Ausdrucksweise unseres Mystikers auch Bdew. 310, 1; ebenso Tauler 245, 26. Weitere ähnliche Beispiele aus dem St. Georgener Prediger und anderen s. Heyer S. 422.

Zu solchem mystischen Vergessen seiner selbst und aller Dinge um sich her, das einem Verlust des Selbstbewußtseins in der Ekstase gleichkommt, vgl. die Zusammenstellung von mystischen Ausdrücken Seuses von A. Nicklas unter 'vergessenheit'; 'versöffet' und 'besöffet' sind dort nicht erwähnt.

Mit dem Propheten aus dem regenarmen Steppengebiete Judas (Jes. 12, 3), dem das Wasser eine der köstlichsten Gaben des Himmels ist, motiviert unser Prediger die ersten der 7 Bitten des Vaterunsers (Matth. 6, 9):

486, 3 *Geheiliget werde der namme gottes in úch, uf daz ir schôppfen múgent wasser in frôuden usser den wunden Christi!*

Nur des sprachlichen Ausdrucks wegen in seiner neuen Verwendung des 'trôpflin' sei angeführt:

467, 15 *daz dich got reissen wil und dich schiere hinnan wil nemen zů dem grundlosen burnen, us dem du nů ein trôpfelin hast versůchet.*

Inhaltlich liegt hier Bezugnahme auf das tropfenweise Versuchen des Weines vor: das weltliche Vorbild des 'grundlosen burnen' ist das Weinfaß, wie der Zusammenhang der Stelle im weiteren ergibt.

Rein sprachliche Verwendung hat das Motiv des fließenden Wassers gefunden:

477, 18 *wanne in dem anhafte da wirt die sele verswemmet in daz einig ein und wirt widergeflôsset in daz gůt, dannan sú geflossen ist.*

Zu diesen verbalen Metaphern von 'geflôsset' und 'geflossen' siehe weitere Belege aus der geistlichen Prosa bei Heinr. v. Neustadt, Tauler, Tochter Syon Lamprechts v. R. bei Heyer l. c. S. 421. — Die wortwiederholende Formel 'daz einig ein' begegnet schon bei Eckart 44, 21; 390, 7; ebenso bei Tauler 201, 6. Vgl. auch Strauch l. c. S. 300, Anm. zu 69, 27. Die gleiche Formel auch im Bdew., s. Heyer S. 394.

Diesen Abschnitt der Motive vom Meere mag ein sentenzenhaltiger Satz beschließen, den Seuse mit einer formelhaften Berufung auf seine Quelle (Sprüche Salomos, des 'wisen man') einleitet:

472, 25 *Der wise man sprichet: drú ding sint mir unmúgelich zů erkennende: . . . daz ander ist des schiffes weg auf dem mer . . .*

Freilich, die Spur des Kieles verrinnt mit der Woge, wie des Adlers Weg in den Lüften, wie 'des slangen slichen uf dem herten stein' (der Schlange Weg auf dem Felsen), um damit die beiden weiteren Bilder aus dem alttestamentlichen Zitat (Sprüche Salomos 30, 18. 19) noch beizuziehen.

Viel reicher ins Poetische gewendet erscheint das Wasser in der Form von Tau mit seinen Verwandten, dem Reif und dem Schnee.

433, 29 *swaz die sunne verselwet, daz bringet daz tow kreftklich wider.*

Seuse stellt zu dem 'verselwen' (bräunen) durch die heiße Mittagssonne gleich das Wiederaufsprießen im Tau der Abendkühle oder am kommenden Morgen. — Himmeltau, Maientau: ein wie altes Motiv der Poesie, der Lyrik wie des Epos! Bis in die ältesten Urkunden des Menschengeschlechtes läßt sich seine labende Wirkung, die er im Spiegel der Naturdichtung stets auf das Menschenherz ausgeübt hat, zurückverfolgen. 'sûss' ist unserm Prediger das ständige Epitheton zu 'meientow': ein auch in der weltlichen Dichtung in passendem und weniger passendem Zusammenhang wiederkehrendes schmückendes Beiwort; die Lieder von Minnesangs Frühling geben dafür zahlreiche Belege. Anderseits mag es gewiß auch zeigen, wie persönlich ihn das Motiv vom Maientau berührt. Belege hierzu s. unten Abschn. VI.

Hierher gehört auch die bereits oben (S. 26) unter den Motiven vom Sonnenschein herbeigezogene Stelle:

432, 18 *Wie mag das schôn rosenzwi des himelschen paradises, daz zû allen ziten eintweder hat ein sûsses meigentow oder aber der liehten sunnen glantz, gelôben eime armen túrren tistel, der uf der herten heide wahset!*

Der Ausdruck 'herte tistel', wie er auch im folgenden Zitat erscheint, hätte kürzer dasselbe besagt; statt dessen erscheint: 'túrre tistel' mit der volltönenden Umschreibung im Relativsatz: 'der uf der herten heide wahset' in der anschaulich ausmalenden Art des Predigers. — Die Freude an einer dichterisch gehobenen Sprache bricht ferner durch in der zweimaligen kurz aufeinander folgenden Alliteration: 'túrre tistel' und 'herte heide'; ebenso wie auch die Voranstellung des Genitivs und die Verwendung des Attributs 'lieht' vor 'sunnen' eine bewußte poetische Steigerung des Ausdrucks bedeutet: dichterische Formeln neben den weltlichen Motiven auf Schritt und Tritt! — Ähnlich:

433, 18 *So mag ǒuch der herte tistel mit so mannigem sůssen meientowe begossen werden.*

Der Ausdruck 'herte tistel' in seiner weniger poetischen Art findet sich auch im Vocabularius optimus ed. Wackernagel S. 53b.

431, 1 *tůnt úwer hertzen und úwer girde uf gegen dem sůssen meientowe der himelschen sunnen, daz ir war nement, waz er von úch wil, wenn er sinen ingang haben wil, daz er kein vertriben von úch gewinne.*

Der 'sůsse meientow' für 'hertzen und girde' (d. h. für Seele und Leib?) hat, wie der Folgesatz zeigt, hier wenig mehr Konkret-Sinnliches an sich; es ist hier eine Bezeichnung für Christus als dem von Gott-Vater (der 'himelschen sunne') der Erde und den Menschenkindern gespendeten Tau. — Freilich kann das 'himelsche sunne' auch auf Christus selbst gehen; dann hätten wir in der schön geprägten Metapher noch die alte sinnliche Bedeutung des 'meientow'. Die weiter unten (S. 55) angeführte Stelle 456, 25 möchte für letztere Auffassung sprechen.

Eine ganz ähnliche Wendung findet sich:

486, 27 *hebent uf hertze, můt und alle sinne gegen dem sůssen meigendǒwe der himelschen sunnen, daz ir war nement, wenne und wie er sinen ingang haben wil.*

Eine unnatürliche Häufung weltlicher Bilder auf Christus, wie sie in der spätmhd. Dichtung nicht selten ist; so bei Reinmar v. Zweter (vgl. Roethe S. 271—76) und insbesondere auf geistlichem Gebiete häufig begegnet. (Über die Wendung 'sinen ingang haben' vgl. weiter unten im Abschnitt Minne-Motive.)

Neben dem 'sůssen meientow' steht bei unserm Prediger der 'himelsche tow': der Tau vom Himmel:

409, 5 *und wie daz sich der ros dem himeltowe lange habe vor beschlossen und sich gegen der vinstern naht, gegen dem kalten riffen, hab uf getan.*

Wie der 'meientow' das ständige Beiwort 'sûss' hat, so erscheint der Reif geschmückt mit dem Beiwort 'kalt'. Diese einfachen Beiwörter, wie sie auch das mhd. Volksepos verwendet, kehren auch im späteren Volkslied wieder. Uhland (Schriften 3, 190 f.) hat eine Anzahl solcher typischen 'keineswegs müßigen' Beiwörter, die den Gegenstand zumeist in seiner frischen, vollkommensten Art erscheinen lassen, zusammengestellt.

Die Schönheit einer bereiften Halde ist dem 14. Jahrh. noch nicht aufgegangen: allein der Nützlichkeitsstandpunkt, das rein unbehagliche Kältegefühl tritt in den bewußten Gegenüberstellungen von 'Maientau' und 'Reif' zutage, — wenn man will, ein Vorläufer des Motives des Volkslieds vom 'Reif in der Frühlingsnacht'.

Die gleiche Bezeichnung begegnet:

456, 26 *Wer den kalten riffen hat erkant und diner sûssen minne ie bevant, o aller sûssestes meientŏw, der weis, wie wirdeclich er dich haben sol.*

Hier geht ohne Frage der 'aller sûsseste meientow' personifiziert auf Christus; vgl. oben die Belegstelle 431, 1, wo dies nicht mit Notwendigkeit anzunehmen war. — 'erkant: bevant': diese reimende Verbindung, die der bereits oben festgestellten Freude des geistlichen Briefschreibers an einer poetisch gehobenen Sprache, an Alliteration und Gleichklang entspringt, fügt sich hier in diesen persönlich gehaltenen, die Sprache des Herzens redenden deutschen Briefen dem die Sprache meisternden deutschen Mystiker fast unbewußt — unter alleiniger Streichung der Kopula 'und' — zum vierhebigen Reimpaar:

'wer den kálten ríffen hát erkánt,
diner sûssen mínne íe bevánt . . .,

ein exaktes Beispiel für die gefühlvolle, oft 'rhythmisch bewegte' Sprache, die schon Görres bei Seuse herausfühlte.

Zwischen den sinnenfälligen Bildern vom kalten Wind und starken Reif wirbelt Bildliches und Eigentliches in eins setzend am Ende noch der Schnee herein:

425, 23 *owe, ihr kalten winde úppiger worten, ir starcken riffen zerganklicher minne, ir tiefen sne bôser unreiner gesellschaft, waz hant ir ebenlich versumet und mordes begangen an so manigem menschen! — Wie reht selig der ist, der von úch gelidiget ist und mit der liehten sumerzit eins tugenthaften lebens durlúhtet ist!*

Wiederum erscheinen die typischen Epitheta 'tief' zu Schnee, 'kalt' zu Winde, 'starck' zu 'riffen'. Daß für den Schnee gerade 'tief' als Beiwort gewählt ist, ist wohl mehr als rein stilistische Wendung; man mag hierin darüber hinausgehend eine unbewußte Erinnerung des sein Lebtag viel auf Wanderschaft begriffenen Predigers sehen, der vielleicht manches Mal mit der in dem 'tief' zum Ausdruck gebrachten verkehrshindernden Eigenschaft des Schnees in Alemanniens Gauen zu kämpfen hatte. — Wie selig dünkt ihm dabei schon beim bloßen Gedankenspiel der Metapher, die ja der beste Widerschein der Ideenwelt ist, die 'liehte sumerzit' sc. eines tugendhaften Lebens; (weiteres hierzu s. unten im Abschn. 'Landschaft im Wechsel der Jahreszeiten').

Daneben tritt auch das Eis einmal in den Bereich seiner Ausdrucksmittel, wenn auch nur in einer Metapher:

452, 16 *Er (der himelsche wint) brichet isinú hertzen, er zerflösset gefrorenes is súntlicher gebresten.*

(Näheres zu dieser Stelle s. im Zusammenhang der Motive vom Winde: Abschn. c dieser Abteilung. — Schon hier aber sei hingewiesen auf den Pleonasmus 'gefrorenes is'; ähnlich typisierend begegnet bei Konrad v. Würzburg: 'kaltes is'; vgl. E. Joseph QF. 54 S. 32.)

Reif und Tau gehören zum Mai; sie sind zum Wachstum der Rosen 'geordent und gefuget':

516, 1 . . . *als ob uns got nu liesz eyne schone rose uff geen. Das vermochte er gar wol, mer er endut isz nit, mer er wil, daz isz mit ordenunge geschee zu may durch ryffe, durch taw und durch maniche wyse und wedder das dartzu geordent und gefuget ist.*

Der weltlichen mhd. Dichtung galt die Blume im Tau als die schönste; vgl. Strauch, Marner Anm. ad 13, wo ferner auf Wilmanns, Walther 84, 113 verwiesen ist. — Wolfram spricht in einem Liede (VII, 1) einen ähnlichen Gedanken aus wie hier, daß der Tau zu den Blumen gehört und zu ihrem Schmuck dient: 'der bliclichen bluomen glesten sol des touwes anehanc erliutern swâ sie sint'. — In anderer Weise bei Gottfried (Tristan V. 8309 f.): 'swer dô dâ bî dem maere was, / dem süezte diu rede den muot, / rehte alse des meien tou die bluot'. — Walther hat aus diesem Motiv eines seiner schönsten Bilder geprägt bei einer Vergleichung mit der weiblichen Anmut (27, 17): 'liljen und rôsenbluomen, swâ die liuhten / in meien towen durh das gras, ... das ist gen solher wünnebernden frôide kranc'.

Wie vielfach sonst begegnet auch hier die Vorliebe Seuses für Zweigliedrigkeit des Ausdrucks: 'durch ryffe, durch taw'; ebenso die zugleich alliterierende Verbindung: 'durch maniche wyse und wedder', ferner 'geordent und gefuget'.

Zu 'himeltow' vgl. Goldene Schmiede S. 180 f: 'du bist begozzen und beregenet mit dem himeltowe'; ähnlich ib. 1908 und 3, 10: 'himeltouwes süeze'.

Neben der eben angeführten Stelle 516, 3 ('zu may durch ryffe, durch taw und durch maniche wyse und wedder') ist das Wetter (Witterung) im eigentlichen Sinne nur noch zweimal Thema einer Briefstelle:

424, 14 *Es mûss noch menig wandelber wetter in úch uf stan, e daz die blibent heitri in úch bestetet werde.*

'wandelber wetter' (erneut eine bewußte Herbeiziehung des poetischen Schmuckes der Alliteration) vor der 'blibent heitri' darf wohl als Aprilwetter angesprochen werden vor dem Mai, der — wiederum in der oben erwähnten typisierenden Art unseres Predigermönches — als mit 'blibent heitri' vorgestellt ist.

'wetter' im Sinne von 'Gewitter' ist noch in folgender sprichwörtlichen Redensart verwendet:

460, 9 *Nach den großen wettern koment gerne die liehten tage.*

Eine ähnliche Sentenz s. oben unter den Motiven vom Licht (424, 13f.): 'Nach der vinstri gat die heitri, und aber nach dem tage kumet die naht'. — In Uhlands Volksliedern findet sich (Nr. 279): 'Nach regen scheint die sunnen . . .'; ebenso beim Mönch v. Salzburg 14, 31; in gewissem Sinne eine volkstümliche Umkehrung des Motives 'nach liebe — leit'. (Die 'grossen wetter' auch bei Konr. v. Megenberg 92, 19.)

Dem Bereich der freien Atmosphäre entnimmt Seuse in seinen Briefen und Predigten nur noch zwei bildliche Ausdrücke von Wolken und Nebel:

478, 16 *dem nu die gewere sunne inlúhtende ist, dem sú inwonende ist, von dem alles gewúlken und timber nebelheit vertriben ist und mit dem gôtlichen glaste durchglestet ist, wie mag der so rehte wol ein summerliche wunne haben!*

Das Motiv vom düstern Nebel und der durchbrechenden Sonne begegnet auch in der mhd. weltlichen Dichtung, so Rabenschlacht Str. 374.

Die in der Annomination 'mit glaste durchglestet' samt dem Attribut 'gôtlich' durchscheinende Alliteration dient, wie auch oben schon dargetan, der bewußten Hervorhebung in der auch die prosaischen weltlichen Motive ins Poetische ziehenden Sprache unseres Mystikers. — Die gleiche (bezw. eine ganz ähnliche) alliterierende Wortverbindung auch in den Offenbarungen der Adelheid Langmann ed. Strauch QF. 26 S. 42, 17 f.: 'mit dem glestigen glaste miner gotheit'.

c) Motive und Formelhaftes aus dem Bereich der Luft.

Zahllose Stellen aus Minnesangs Frühling, viele Lieder Walthers und alle die anderen Sänger im mhd. Dichterwald sprechen das mit dem gleichen Dichterauge in Feld und Wald Geschaute in immer neuen Variationen aus: das alte und doch ewig neue Motiv, dem der schwäbische Sänger des 19. Jahrh. Worte geliehen in seinem 'Frühlingsglauben':

Die linden Lüfte sind erwacht;
sie säuseln und weben Tag und Nacht,
sie schaffen an allen Enden . . .

Aber nicht nur in der Dichtung des Mittelalters, auch in dem ma. naturkundlichen Wissen, das gerade im 13. Jahrh. in Deutschland seine Schwingen regte in der Person des Albertus Magnus, der sich auf breitester Basis in die Geheimnisse der Natur versenkte und der im 14. Jahrh. in Konrad v. Megenberg einen gelehrigen Schüler und Fortsetzer seiner Bestrebungen fand — über diese selbst näheres s. unten Kap. IV — in diesem naturkundlichen Wissen, das in des letzteren 'Buch der Natur' seinen Niederschlag fand, und zwar ebenso wie die Schriften unserer deutschen Mystiker in deutscher Sprache, haben die 'linden Lüfte' samt all den anderen Winden aus Nord und Süd, Ost und West Erwähnung und ihre Darstellung gefunden.

So heißt es ebenda im 2. Abschn. 'von den himeln und von den siben planeten' No. 15: 'von den winden' (S. 79, 26) u. a.: 'der wint sint vier, die fürsten sint aller ander wind' und dann nach einzelner Aufzählung derselben mit ihren Eigenschaften weiterhin (S. 80, 9 f.): 'der wind ieglicher hât zwên gesellen oder zwên volger: ainen ze der rehten seiten und den anderen ze der tenken . . . also haben wir über al vierstunt drei wint, daz sint zwelif'. — In offenbarer Parallele hierzu schreibt Seuse, wenn auch in anderer Reihenfolge:

451, 17 *Nach dem uns die meister von natur schribent, so sint vier widerwertig winde an dem liplichen himel, und iekliche hat zwen gesellen, daz ir also zwelff werdent, mit den der herre der natur sin ertrich ernúwret.*

'widerwertig': nicht in der im Nhd. allein gebräuchlichen übertragenden Bedeutung von 'unangenehm, feindlich', sondern im ursprünglichen Sinne der Komposition, wie auch ahd. wider-wart(ic): 'entgegengesetzt'.

Seuse fährt in dieser Belehrung seiner Nonnen in seinem Briefe dann fort:

452, 3 *Under dien ist einer, heisset aquilo und ist grimmer denne die andern, der ist kalt und truchen und bringet sne und beslússet daz ertrich.*

Der geistliche Briefschreiber führt den Nordwind hier

nur kurz berichtend ein, um nachher einen um so wirksameren Kontrast zum Südwind zu haben; so weite Ausdeutungen er unten dem Südwind gibt, für den Nordwind verzichtet er jedenfalls auf eine oratorische Verwertung, so sehr auch das Motiv vom kalten Winde ein weitverbreitetes ist und auch im Volkslied früh Eingang gefunden hat.

Vom Südwind hatte der Megenberger (S. 79, 27), diesen an erster Stelle anführend gesagt: 'der erst haizt der sudenwint oder sudener, darum daz er von sudem fleugt, daz ist von mitten tag her gegen den norden oder gegen den himelwagen. der wint haizt ze latein auster und ist fäuht und warm, darum ist er fruhtpaer und den frühten nütz'. — Gegenüber diesen trockenen, durchaus prosaischen Ausführungen des Regensburger Dominikaners sagt unser poetisch gestimmter Mystiker vom Oberrhein vom Südwind (nur diesen zieht er außer dem Nordwind in seinen Ausführungen herbei):

452, 5 *Wider den ist ein ander, der heisset auster, der ist warm und nasz und bringet den schȏnen owen sůssen regen; er machet die wissen blůjent, die grůnen sȃt wahsent, daz ertrich berhaft, er priset schone die heiden mit blůmen, den walt mit lȏbe, den anger mit sůssem smack, und allem ertrich git er lust und frȏde.*

Welche Steigerung des Ausdrucks gegenüber dem, was der Megenberger, Seuses Konfrater aus dem Bayerland zu sagen weiß! Ein harmonischer Vorklang aus Alemanniens Gauen aus dem 14. Jahrh. von dem, was der feinsinnige Schwabe des 19. Jahrh. in poetischem Gewande sagt: 'Die Welt wird schöner mit jedem Tag, / man weiß nicht, was noch werden mag, / das Blühen will nicht enden. / Es blüht das fernste tiefste Tal . . .'

Und nun die Wendung ins Geistliche für dieses bisher von unserm geistlichen Briefschreiber rein weltlich behandelte Motiv:

452, 11 *Eya, kint mins, nu verstant balde, wa min hertze hin wil, wan ich mein den sůssen himelschen wint der gnade des heiligen geistes, der da kunt von der hohen mittli des himels und ein kalt, súndiges, rúwiges hertze durweget.*

Wie schon oben im weltlichen Gegenstück der Regen das Beiwort 'sůss' trägt zum Ausdruck des höchsten Willkommenseins — also wohl mehr als rein äußere Manier, wie man von der Verwendung dieses Beiwortes an anderen Stellen sagen kann —, so auch hier der 'himelsche wint der gnade', zu dem (im angezogenen Bilde des von Süden [Mittag] wehenden Windes bleibend) noch hinzugefügt wird: 'der da kumet von der hohen mittli des himels'; dieses 'himel' ist hier zweifellos im rein physischen ('liplichen') Sinne gemeint im Gegensatz zu dem bei Wind stehenden Attribut 'himelisch', das auf den transzendentalen (geistlichen) Himmel geht.

Von den Wirkungen des 'himelschen windes' sagt der Predigermönch im Bilde bleibend weiter:

452, 14 *Ach ellú minnendú rúwigen hertzen, enpfundent ir des himelschen windes ie, so mugent ir mich wol gemerken! Er brichet isinú hertzen, er zerflősset gefrornes is súntlicher gebresten, er ernúwert die sele, er machet alle die krefte der sele schon widerglentzent in ir zarten lútselikeit; — und der vor als ein fules ås von dem kalten wind smakte, der wirt als ein pantier sinen sůssen smak wite zerspreiten.*

Das Adjektiv 'isin', das Lexer nur als Nebenform von 'isenin', 'isniu' aufführt in der Bedeutung 'von Eisen', ist hier — wenn es auch in den Wörterbüchern sonst so nicht belegt ist — als von 'is' (Eis) abgeleitetes Stoffadjektiv auf -în zu betrachten (îsîniu), nicht etwa von 'isen' (Eisen), was ganz aus dem Rahmen des Bildes fallen würde; denn der Südwind — und sei es selbst ein gluthauchender Sirocco aus der Sahara — hat noch kein Eisen gebrochen, wohl aber werden durch ihn 'vom Eise befreit Strom und Bäche ...'. Die Hss. b, C, c setzen statt 'isinu' in merkwürdiger Verkennung des Sinnes: 'iserinne'. Oder sollten wir hier eine jener sprachlichen Hyperbeln vor uns haben, wie sie etwa den Spielmannsepen geläufig sind?

Beachtenswert ist auch die tautologische Verwendung des Attributs 'gefroren' zu 'is': Sei es, daß das Eis in der anschaulich ausmalenden Art des Predigermönchs noch besonders charakterisiert werden soll als gefrorenes Wasser in innerer Beziehung zur Verhärtung des Herzens durch die 'kalten winde súntlicher gebresten', —

sei es, daß das 'isiniu hertzen' tatsächlich als 'eiserne Herzen' aufzufassen ist in hyperbolischer Übertreibung der Kraft des Südwindes und damit zur Vermeidung des Doppelsinnes das 'gefroren' erklärend zu dem 'is' hinzugesetzt wird. —

Das Motiv des Windes trägt Seuse auch hinein in die Erzählung von der Sünderin in Lukas 7, 37 f.:

452, 21 *Also geschach ŏch der minneklichen rúwerin, der súntlich leben ir den eigen namen hăt verlorn, do sú zů den milten, zarten, usserwelten fůssen der geminten wiszheit knúwet und mit disem sůssen wind was durchweget,* . . .

In der euphemistisch gefärbten Sprache des Predigers, der von geistlicher Minne zu singen und zu sagen nicht lassen kann, wird die peccatrix des Evangeliums zur 'minneglichen rúwerin'. — Und welch freudige Häufung der Epitheta zu 'fůsse' als pars pro toto, sc. der 'geminten wisheit' (Christus): 'milt, zart, usserwelt' gleichsam zur Verständlichmachung der Handlungsweise der 'minneclichen rúwerin'.

Auch hier wieder trägt wie an den vorhergehenden Stellen 452, 11 der Wind das Beiwort 'süss'. Pope (a. a. O. S. 34—36, 52) nennt das gleiche Beiwort als eines der Lieblingsepitheta Gottfrieds v. Straßburg; auch im Nibelungenlied begegnet es bereits (vgl. Groth S. 4 und 13), wie es ferner in der weltlichen Lyrik heimisch war, in seiner vom Geschmack auf die verschiedenen andern Sinnesfunktionen übertragenen Bedeutung; so Carm. Burana S. 198, 209, Bartsch, Schw. Ms. S. 36*, 116*, 155*, 206* (Einleitung), Heinr. v. Morungen (MF. 125, 29): 'süezer meje'; bei Walther (vgl. Gaertner l. c. S. 129): 'süezer sumer' ferner 21, 2: 'süezer regen'; Neidhart 58, 25 und 73, 24: 'suezes weter'. — Der 'süeze wind' begegnet erstmalig in der Minneterminologie bei Heinr. v. Veldegge (MF. 66, 6): 'den vil süezen winde'. — Wenn dieses Beiwort auch vor Seuse schon gelegentlich in der mhd. Prosapredigt anzutreffen war, so ist doch bei der reichen und meist neuartigen Verwendung hier wie sonst in Seuses Schriften der Einfluß von der mhd. weltlichen Dichtung her unverkennbar. Belege aus dem Bdew. von solchen Beiwörtern, die mindestens eine Erweiterung des herkömmlichen Sprachgebrauches aufweisen, vgl. Heyer l. c. S. 187, 201.

* * *

Die Gemütsinnigkeit, die dichterische Phantasie und der poetische Geist Seuses sind oft gerühmt worden, und diese Abhandlung will dafür den Beweis im einzelnen erbringen, inwiefern solche Urteile berechtigt sind: Auch im vorstehenden Kapitel zeigt sich überall das Bestreben des geistlichen Briefschreibers, gewisse abstrakte geistliche Gedankeninhalte für das Verständnis der Nonnen leichter verständlich zu machen, sie mit der sinnlichen Form des Ausdruckes, den Farben des weltlichen Tun und Treibens und der irdischen Verhältnisse in bezug auf die Erscheinungsform der Elemente, wie sie dem Menschen des 14. Jahrh. sich darboten, zu umkleiden.

Seuse steht damit nicht allein: ein gleiches Streben leitete viele seiner Vorgänger, und so konnte es nicht ausbleiben, daß sich hierin eine gewisse Tradition auf geistlichem Gebiete herausgebildet hatte, die neben dem Bildervorrat der Bibel auch manchen mehr oder minder glücklich geprägten neuen bildlichen Ausdruck, hergenommen aus der umgebenden Welt, umfaßte und ihrerseits zu immer neuen Bildungen, insbesondere verbalen, Anlaß gab.

Die Grenzen zwischen geistlichen und weltlichen Motiven sind dabei vielfach als recht schwankend zu bezeichnen. Gar oft durchdringen sie sich restlos, und ein Scheiden beider daher oft schwer. Oft indessen liegt das weltliche Motiv bei aller geistlichen Durchdringung deutlich zutage, ja je mehr geistliche Umrahmung desto plastischer heben sich die Töne des weltlichen Bildes in seinen einzelnen sprachlichen Strichen heraus.

LEBENSLAUF.

Geboren bin ich, Adam Gebhard, evangelischen Bekenntnisses, am 27. März 1880 zu Hetzbach, Kr. Erbach im Odenwald (Großh. Hessen) als Sohn des Georg Jakob Gebhard und seiner Ehefrau Friederike, geb. Karl. — Nach vierjährigem Besuch der Volkschule meines Heimatdorfes absolvierte ich die Großh. Realschule zu Michelstadt im Odenwald, die ich Ostern 1896 verließ mit der Berechtigung für die Unterprima eines Realgymnasiums.

Ich widmete mich hierauf dem Buchhandel, arbeitete in Frankfurt am Main, Leipzig und Straßburg im Elsaß in wissenschaftlichen Antiquariats- und Verlagsbuchhandlungen. Nach mehr als zehnjähriger buchhändlerischer Tätigkeit setzte ich mich schließlich mit 27 Jahren — dank des Entgegenkommens der Oberschulbehörde — nochmals auf die Schulbank (Realgymnasium des Kaiserlichen Lyceums zu Straßburg), erwarb Ostern 1909 daselbst das Reifezeugnis und erledigte alsdann, — nachdem ich schon zuvor sowohl in Leipzig als auch in Straßburg zahlreiche Semester hindurch neben meiner beruflichen Tätigkeit den Vorlesungen und Übungen an beiden Universitäten hatte folgen dürfen, — in einem weiteren ordnungsmäßigen Studiengang von acht Semestern meine Studien in Deutsch, Englisch, Französisch, Erdkunde und evangelischer Religion an der Kaiser Wilhelms-Universität zu Straßburg und bestand am 1. Februar 1913 vor der Kaiserl. Wissenschaftl. Prüfungskommission zu Straßburg die Prüfung für das höhere Lehramt. Seit Ostern 1913 bin ich im elsaß-lothringischen höheren Schuldienst tätig, derzeit an der Oberrealschule in Colmar (Oberelsaß). Der Weltkrieg ließ zwischenhinein auch mich bisher zweimal (im Armierungs- und Garnisons-Wachtdienst sowie Begleitdienst zur Front) meine Kraft der bewaffneten Macht des Vaterlandes zur Verfügung stellen. — Die mündliche Doktorprüfung bestand ich am 20. Februar 1918 magna cum laude.

Meine Lehrer während der durch meinen eigenen Lebens- und Bildungsgang bedingten langen Reihe von Semestern, die ich an beiden Hochschulen immatrikuliert war, waren folgende Professoren und Dozenten: die Germanisten Henning, Martin, Schultz, Stadler; Holz und Witkowski (in Leipzig); der Anglist Koeppel; die Romanisten Gröber, Cloëtta, Hoepffner; die Geographen Gerland, Sapper, Rudolph; die Philosophen Bæumker, Stoerring, Ziegler; die Theologen Lobstein, Mayer, Smend, Spitta, Schweitzer und Menegoz sowie Müller (kath. Fak.); dazu aus den Grenzgebieten meines engeren Studienganges: die Historiker Salomon (Leipzig), Breßlau, Neumann, Spahn, Kiener; der Kunsthistoriker Leitschuh; die Staatswissenschaftler Bücher (Leipzig), Knapp, Wittich und Rehm. Ferner die Lektoren Williams, Skemp, Woodall (für Englisch); Duchesne, Gillot (für Französisch).

Daneben durfte ich mich beteiligen an den Seminarübungen folgender Herren Professoren: Henning, Martin, Schultz (für Germanistik); Koeppel (für Anglistik); Sapper, Rudolph (für Erdkunde); Bæumker, Stoerring (für Philosophie). — Mit kritischem Rate begleitete die Ausführung dieser Arbeit Herr Geheimrat Professor Dr. Henning.

Für alle Anregung und Förderung, die ich während dieses langen Aufstieges erfahren habe, auch an dieser Stelle den Lebenden aufrichtigen Dank zu sagen und — der Toten in Treue zu gedenken, ist mir Bedürfnis. A. G.

Kolibri 360 GmbH
Ferdinand-Jühlke-Straße 7
99095 Erfurt, Deutschland
produktsicherheit@kolibri360.de